高等职业教育"十三五"规划教材

机电专业系列

电力电子技术

主 编　文　方　李宏慧
副主编　杨俊卿　程　豪　罗智勇

扫码加入学习圈　轻松解决重难点

 南京大学出版社

内容提要

本书以 6 个电力电子技术应用最广泛的实际案例为载体,由浅入深地介绍了电力电子技术的原理与应用。本书采用项目化结构、任务驱动的方式。项目包括:调光灯控制、直流调速装置、电风扇无级调速器、开关电源、中频感应加热电源、变频器等内容,突出应用与设计。

本书可供高等职业技术学院、高等专科学校、职工大学的电气工程类专业、应用电子类专业、机电一体化专业选用,也可供工程技术人员参考,并可作为培训教材。课程网站有电子教案,可供选用。

图书在版编目(CIP)数据

电力电子技术/文方,李宏慧主编. —南京:南京大学出版社,2019.10

ISBN 978 - 7 - 305 - 21945 - 0

Ⅰ.①电…　Ⅱ.①文…②李…　Ⅲ.①电力电子技术—高等职业教育—教材　Ⅳ.①TM1

中国版本图书馆 CIP 数据核字(2019)第 072596 号

出版发行　南京大学出版社
社　　址　南京市汉口路 22 号　　　邮编　210093
出 版 人　金鑫荣
书　　名　电力电子技术
主　　编　文　方　李宏慧
责任编辑　吴　华　　　　　　编辑热线 025 - 83596997
照　　排　南京理工大学资产经营有限公司
印　　刷　南京人民印刷厂有限责任公司
开　　本　787×1092　1/16　印张 13.5　字数 320 千
版　　次　2019 年 10 月第 1 版　2019 年 10 月第 1 次印刷
ISBN 978 - 7 - 305 - 21945 - 0

定　　价　34.80 元
网　　址:http://www.njupco.com
官方微博:http://weibo.com/njupco
微信服务号:njuyuexue
销售咨询热线:(025)83594756

扫码登记
教师可免费获取教学资源

前 言

Foreword

电力电子技术是高职自动化、机电一体化、输变电、智能楼宇等专业学生必修的一门专业基础课。

电力电子技术横跨电力、电子和控制三个领域，是现代电子技术的基础之一，是弱电对强电实现控制的桥梁和纽带，也是从事相关工作的专业技术人员必须掌握的知识之一。

本书根据高职学生所从事的相关电力电子技术岗位（群）所需能力结构与知识结构，将基础内容和专业内容整合在一起，以工作过程为导向的模块化结构编写。全书以 6 个电力电子技术应用最为广泛的实际案例为载体，设计了调光灯控制、直流调速装置、电风扇无级调速器、开关电源、中频感应加热电源、变频器 6 个项目。每个项目的最后安排了相关知识的全国大学生电子设计大赛赛题设计方案，目的是培养高水平高职应用人才。通过 6 个项目的训练，掌握电力电子技术的相关知识应用。本书特点如下：

1. 采用模块化结构，每个模块的内容围绕项目展开，为实现项目服务，每个模块的知识以够用为标准，简化计算，重点强调应用与设计，理论联系实际；

2. 教材内容更加符合学生的认知规律，易于激发学生的学习兴趣，强调提高学生的基本技能与动手能力；

3. 教材内容上，增加了直观的图形、波形，图文并茂，提高了本书的可读性；

4. 每项目结尾安排相关知识的全国大学生电子大赛赛题设计方案，目的是突出应用与设计，培养高职拔尖型技能人才；

5. 本书参考了有关行业的职业技能鉴定规范及高级维修电工等级考核标准，努力贯彻国家关于职业资格证书与学历证书并重的政策精神。

本书由江西现代职业技术学院文方和平顶山工业职业技术学院李宏慧担任主编，江西现代职业技术学院杨俊卿、程豪和湖南化工职业技术学院罗智勇担任副主编，全书由文方老师负责统稿和定稿工作。

在编写过程中，参阅了许多同行专家们的论著文献，在此一并表示感谢。

限于编者的学识水平及实践能力，殷切希望各校教师、学生、专业技术人员以及广大读者对本书的内容、结构及疏漏、错误之处给予批评、指正。"电力电子技术"申请了省级在线开放课程，课程资源丰富，网址 http://mooc1-2.chaoxing.com/course/94531174.html，读者可上线查阅。

目 录

Contents

项目一　调光灯控制

项目描述

　　调光灯在日常生活中的应用非常广泛，其种类也很多。调光灯电路由主电路和触发电路两部分构成，通过对主电路及触发电路的分析使学生能够理解电路的工作原理，进而掌握分析电路的方法。主要掌握晶闸管好坏的判断、单结晶体管及单结晶体管触发电路的工作原理、半波可控整流电路的分析与计算。通过动手制作调光灯可进一步掌握电路制作、设计、故障排除等技术。尝试应用单片机技术了解控制电路的设计，深入掌握单片机技术的应用。

任务一　晶闸管的工作原理

一、任务描述与目标

　　晶闸管（Thyristor）是一种开关元件，具有可控单向导电性，即和一般的二极管一样单向导电，但与一般二极管不同的是，导通时刻是可以控制的，被广泛应用于可控整流、调光、调压、调速、无触点开关、逆变及变频等方面。

　　在实际晶闸管的使用过程中，我们除了掌握晶闸管的管脚识别和对其好坏进行判断外，还要掌握其导通关断条件。本次任务的目标如下：

　　（1）认识晶闸管外形结构；

　　（2）根据外形，判断晶闸管的 3 个引脚；

　　（3）掌握晶闸管型号的含义；

　　（4）掌握判断晶闸管好坏的方法；

　　（5）掌握晶闸管工作原理，会搭建电路并测量；

　　（6）会根据电路要求选择晶闸管；

（7）尝试掌握单片机控制的电路设计；

（8）在项目实施过程中，培养团队合作意识。

二、相关知识

（一）晶闸管结构及导通关断条件

1. 晶闸管结构

晶闸管是一种大功率 PNPN 四层半导体元件，具有 3 个 PN 结，引出 3 个极，阳极 A、阴极 K、门极（控制极）G，其外形及符号如图 1-1 所示，各管脚名称（阳极 A、阴极 K、门极 G）标于图中。图 1-1(g)所示为晶闸管的图形符号及文字符号。

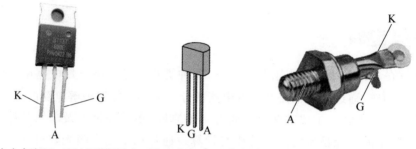

(a) 小电流TO-220AB型塑封式　　(b) 小电流TO-92塑封式　　(c) 小电流螺旋式

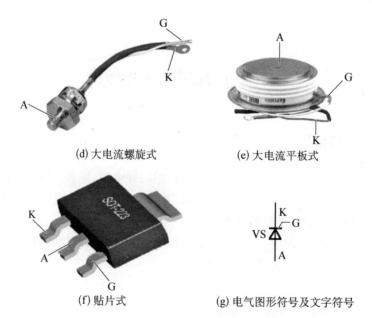

(d) 大电流螺旋式　　　　(e) 大电流平板式

(f) 贴片式　　　　(g) 电气图形符号及文字符号

图 1-1　晶闸管的外形及符号

晶闸管的内部结构和等效电路如图1-2所示。

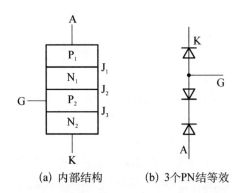

| (a) 内部结构 | (b) 3个PN结等效 |

图1-2　晶闸管的内部结构和等效电路

2. 晶闸管管脚判别

普通晶闸管的外形如图1-1所示。螺栓式和平板式晶闸管从外观上判断,3个电极形状各不相同,无需测量就可以识别。

小电流TO-220AB型塑封式和贴片式晶闸管,面对印字面,引脚朝下,则从左向右的排列顺序依次为阴极K、阳极A和门极G。小电流TO-92型塑封式晶闸管面对印字面,引脚朝下,则从左向右的排列顺序依次为阴极K、门极G和阳极A。

小功率螺栓式晶闸管的螺栓为阳极A,门极G比阴极K细。对于大功率螺栓式晶闸管来说,螺栓是晶闸管的阳极A(它与散热器紧密连接),门极和阴极则用金属编制套引出,像一根辫子,粗辫子线是阴极K,细辫子线是门极G。平板式晶闸管中间金属环是门极G,用一根导线引出,靠近门极的平面是阴极,另一面则为阳极。

3. 普通晶闸管测试方法

(1) 阳极和阴极间电阻正反向电阻测量。

① 万用表挡位置于欧姆挡R×100,将红表笔接在晶闸管的阳极,黑表笔接在晶闸管的阴极观察指针摆动情况,如图1-3所示。

② 将黑表笔接晶闸管的阳极,红表笔接晶闸管的阴极观察指针摆动情况,如图1-4所示。

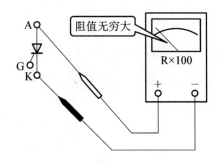

图1-3　阳极和阴极间电阻反向电阻测量　　　　**图1-4　阳极和阴极间电阻正向电阻测量**

测量结果:正反向阻值均很大。

原因:晶闸管是4层3端半导体器件,在阳极和阴极之间有3个PN结,无论如何加电压,总有1个PN结处于反向阻断状态,因此,正反向阻值均很大。

(2) 门极和阴极间正反向电阻测量。

① 将红表笔接晶闸管的阴极,黑表笔接晶闸管的门极,观察指针摆动情况,如图1-5所示。

② 将黑表笔接晶闸管的阴极,红表笔接晶闸管的门极,观察指针摆动情况,如图1-6所示。

实测结果:两次测量的阻值均不大。

原因:在晶闸管内部控制极与阴极之间反并联了1个二极管,对加到控制极与阴极之间的反向电压进行限幅,防止晶闸管控制极与阴极之间的PN结反向击穿。

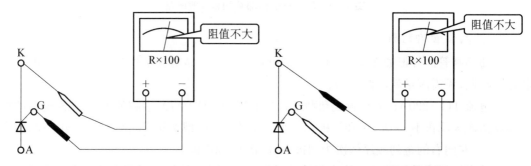

图1-5 门极和阴极间正向电阻测量　　　图1-6 门极和阴极间反向电阻测量

4. 晶闸管导通关断条件

晶闸管在工作过程中,它的阳极(A)和阴极(K)与电源和负载连接,组成晶闸管的主电路,晶闸管的门极G和阴极K与控制晶闸管的控制电路(在电力电子技术中叫触发电路)连接,晶闸管及周围电路示意图如图1-7所示。

晶闸管的导通条件是:阳极加正向电压,门极加适当正向电压。

关断条件是:流过晶闸管的电流小于维持电流。

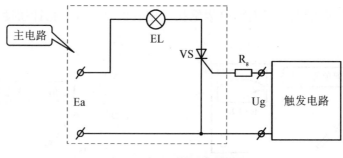

图1-7 晶闸管及周围电路

(二)晶闸管的阳极伏安特性

晶闸管的阳极与阴极间电压和阳极电流之间的关系,称为阳极伏安特性。其伏安特性曲线如图1-8所示。图中第一象限为晶闸管正向特性,图中第三象限为晶闸管反向特性。

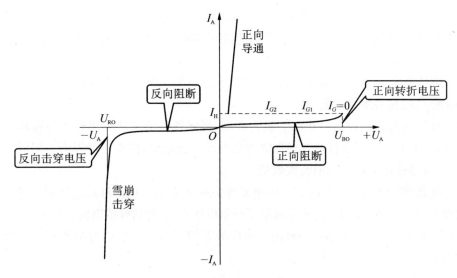

图 1 - 8　晶闸管的伏安特性

(三) 晶闸管主要参数

1. 晶闸管的电压定额

(1) 断态重复峰值电压 U_{DRM}。在晶闸管的阳极伏安特性图 1 - 8 中,我们规定,当门极断开,晶闸管处在额定结温时,允许重复加在管子上的正向峰值电压为晶闸管的断态重复峰值电压,用 U_{DRM} 表示。

(2) 反向重复峰值电压 U_{RRM}。类似于 U_{DRM},一般规定,当门极断开,晶闸管处在额定结温时,允许重复加在管子上的反向峰值电压为反向重复峰值电压,用 U_{RRM} 表示。

(3) 额定电压 U_{TN}。将 U_{DRM} 和 U_{RRM} 中的较小值按百位取整后作为该晶闸管的额定值。例如,一晶闸管实测 $U_{DRM}=812$ V,$U_{RRM}=756$ V,将两者较小的 756 V 取整得 700 V,该晶闸管的额定电压为 700 V。

在晶闸管的铭牌上,额定电压是以电压等级的形式给出的,通常标准电压等级规定为:电压在 1 000 V 以下,每 100 V 为一级,1 000～3 000 V,每 200 V 为一级,用百位数或千位和百位数表示级数。

在使用过程中,环境温度的变化、散热条件以及出现的各种过电压都会对晶闸管产生影响,因此,在选择管子的时候,应当使晶闸管的额定电压是实际工作时可能承受的最大电压的 2～3 倍,即

$$U_{TN} \geqslant (2～3)U_{TM}$$

(4) 通态平均电压 $U_{T(AV)}$。在规定环境温度、标准散热条件下,元件通以额定电流时,阳极和阴极间电压降的平均值,称为通态平均电压(一般称管压降)。从减小损耗和元件发热来看,应选择 $U_{T(AV)}$ 较小的管子。

2. 晶闸管的电流定额

(1) 额定电流 $I_{T(AV)}$。由于整流设备的输出端所接负载常用平均电流来表示,晶闸管额定电流的标定与其他电器设备不同,采用的是平均电流,而不是有效值,又称为通态平均电流。

(2) 维持电流 I_H。在室温下门极断开时,元件从较大的通态电流降到刚好能保持导通的最小阳极电流称为维持电流 I_H。

(3) 擎住电流 I_L。在晶闸管加上触发电压,当元件从阻断状态刚转为导通状态就去除触发电压,此时要保持元件持续导通所需要的最小阳极电流,称擎住电流 I_L。对同一个晶闸管来说,通常擎住电流比维持电流大数倍。

(4) 断态重复峰值电流 I_{DRM} 和反向重复峰值电流 I_{RRM}。I_{DRM} 和 I_{RRM} 分别是对应于晶闸管承受断态重复峰值电压 U_{DRM} 和反向重复峰值电压 U_{RRM} 时的峰值电流。

(5) 浪涌电流 I_{TSM}。I_{TSM} 是一种由于电路异常情况(如故障)引起的并使结温超过额定结温的不重复性最大正向过载电流。

3. 门极参数

(1) 门极触发电流 I_{GT}。室温下,在晶闸管的阳极、阴极加上 6 V 的正向阳极电压,管子由断态转为通态所必需的最小门极电流,称为门极触发电流 I_{GT}。

(2) 门极触发电压 U_{GT}。产生门极触发电流 I_{GT} 所必需的最小门极电压,称为门极触发电压 U_{GT}。

为了保证晶闸管的可靠导通,常常采用的实际触发电流比规定的触发电流大。

4. 动态参数

(1) 断态电压临界上升率 du/dt。du/dt 是在额定结温和门极开路的情况下,不导致从断态到通态转换的最大阳极电压上升率。实际使用时的电压上升率必须低于此规定值。

限制元件正向电压上升率的原因是在正向阻断状态下,反偏的 J_2 结相当于一个结电容,如果阳极电压突然增大,便会有一充电电流流过 J_2 结,相当于有触发电流。若 du/dt 过大,即充电电流过大,就会造成晶闸管的误导通。所以在使用时,采取保护措施,使它不超过规定值。

(2) 通态电流临界上升率 di/dt。di/dt 是在规定条件下,晶闸管能承受而无有害影响的最大通态电流上升率。

如果阳极电流上升太快,则晶闸管刚一开通时,会有很大的电流集中在门极附近的小区域内,造成 J_2 结局部过热而使晶闸管损坏。因此,在实际使用时要采取保护措施,使其被限制在允许值内。

(四) 晶闸管命名及型号含义

1. 国产晶闸管的命名及型号含义

国产晶闸管(可控硅)的型号有部颁新标准(JB 1144—75)KP 系列和部颁旧标准

（JB 1144—71）3CT 系列。

KP 系列的型号及含义如下。

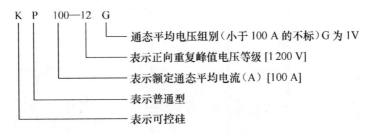

K P 100—12 G
- 通态平均电压组别（小于 100 A 的不标）G 为 1V
- 表示正向重复峰值电压等级 [1 200 V]
- 表示额定通态平均电流（A）[100 A]
- 表示普通型
- 表示可控硅

3CT 系列的型号及含义如下。

3 表示 3 个电极，C 表示 N 型硅材料，T 表示可控硅元件。3CT501 表示额定电压为 500 V、额定电流为 1 A 的普通晶闸管；3CT12 表示额定电压为 400 V、额定电流为 12 A 的普通晶闸管。

2. 国外晶闸管的命名及型号含义

"SCR"（Semiconductor Controlled Rectifier）是晶闸管（单向可控硅）的统称。在这个命名前提下，各个生产商有其自己的产品命名方式。

最早的 MOTOROLA（摩托罗拉）半导体公司取第一个字母 M 代表其摩托罗拉，CR 代表单向，因而组合成单向晶闸管 MCR 的第一代命名，代表型号有 MCR100 - 6、MCR100 - 8、MCR22 - 6、MCR16M、MCR25M 等。

PHILIPS（飞利浦）公司则沿袭了 BT 字母来对晶闸管命名，如 BT145 - 500R、BT148 - 500R、BT149D、BT150 - 500R、BT151 - 500R、BT152 - 500R、BT169D、BT258 - 600R 等。

日本三菱公司在晶闸管器件命名上，则去掉了 SCR 的第一个字母 S，以 CR 直接命名，代表型号有 CR02AM、CR03AM 等。

意法 ST 半导体公司对晶闸管的命名，型号前缀字母为 X、P、TN、TYN、TS、BTW，如 X0405MF、P0102MA、TYN412、TYN812、TYN825、BTW67 - 600、BTW69 - 1200 等。

美国泰科（TECCOR）以型号前缀字母 S 来对晶闸管命名，例如 S8065K、S6006D、S8008L、S8025L 等。

三、总结与提升

（一）晶闸管好坏的判断

将万用表欧姆挡置于 R×10 或 R×100 挡，测量阳极-阴极之间和阳极-门极之间的正反向电阻，正常值都应在几百千欧以上；门极-阴极之间正向电阻约数十欧姆到数百欧姆，反向电阻较正向电阻略大。测量时，如发现任何两个极短路或门极对阴极断路，说明晶闸管已经损坏。

（二）晶闸管导通关断原理

晶闸管的 $P_1N_1P_2N_2$ 结构又可以等效为 2 个互补连接的晶体管，如图 1 - 9 所示。晶闸管的导通关断原理可以通过等效电路来分析。

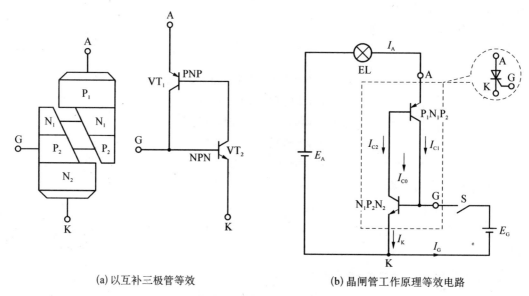

(a) 以互补三极管等效　　　　　　　(b) 晶闸管工作原理等效电路

图 1-9　晶闸管工作原理等效电路

当晶闸管加上正向阳极电压,门极也加上足够的门极电压时,则有电流 I_G 从门极流入 $N_1P_2N_2$ 管的基极,经 $N_1P_2N_2$ 管放大后的集电极电流 I_{C2} 又是 $P_1N_1P_2$ 管的基极电流,再经 $P_1N_1P_2$ 管的放大,其集电极电流 I_{C1} 又流入 $N_1P_2N_2$ 管的基极。如此循环,产生强烈的正反馈过程,使 2 个晶体管快速饱和导通,从而使晶闸管由阻断迅速地变为导通。导通后晶闸管两端的压降一般为 1.5 V 左右,流过晶闸管的电流将取决于外加电源电压和主回路的阻抗。

$$I_G \uparrow \rightarrow I_{B2} \uparrow \rightarrow I_{C2}(=\beta_2 I_{B2}) \uparrow = I_{B1} \uparrow \rightarrow I_{C1}(\beta_1 I_{B1}) \uparrow$$

晶闸管一旦导通后,即使 $I_G=0$,但因 I_{C1} 的电流在内部直接流入 $N_1P_2N_2$ 管的基极,晶闸管仍将继续保持导通状态。若要晶闸管关断,只有降低阳极电压到零或对晶闸管加上反向阳极电压,使 I_{C1} 的电流减少至 $N_1P_2N_2$ 管接近截止状态,即流过晶闸管的阳极电流小于维持电流,晶闸管方可恢复阻断状态。

(三) 晶闸管的选择

例 1-1　根据图 1-36 调节灯电路中的参数,确定本模块中晶闸管的型号。

说明　该电路中,调光灯两端电压最大值为 $0.45U_2$,其中 U_2 为电源电压。

解　第一步　单相半波可控整流调光电路晶闸管可能承受的最大电压。

$$U_{TM} = \sqrt{2}U_2 = \sqrt{2} \times 220 \text{ V} \approx 311 \text{ V}$$

第二步　考虑 2~3 倍的余量。

$$(2\sim3)U_{TM} = (2\sim3)311 \text{ V} = 622\sim933 \text{ V}$$

第三步　确定所需晶闸管的额定电压等级。

因为电路无储能元器件，因此，选择电压等级为 7 的晶闸管就可以满足正常工作的需要。

第四步 根据白炽灯的额定值计算出其阻值的大小。

$$R_\mathrm{d} = \frac{220^2}{40}\ \Omega = 1\ 210\ \Omega$$

第五步 确定流过晶闸管电流的有效值。

在单相半波可控整流调光电路中，当 $\alpha = 0°$时，流过晶闸管的电流最大，且电流的有效值是平均值的 1.57 倍。由前面的分析可以得到流过晶闸管的平均电流为：

$$I_\mathrm{d} = 0.45\frac{U_2}{R_\mathrm{d}} = 0.45 \times \frac{220}{1\ 210}\ \mathrm{A} = 0.08\ \mathrm{A}$$

由此可得，当 $\alpha = 0°$时流过晶闸管电流的最大有效值为：

$$I_\mathrm{TM} = 1.57I_\mathrm{d} = 1.57 \times 0.08\ \mathrm{A} = 0.128\ \mathrm{A}$$

第六步 考虑 1.5～2 倍的余量。

$$(1.5 \sim 2)I_\mathrm{TM} = (1.5 \sim 2)0.128\ \mathrm{A} \approx 0.192\ \mathrm{A} \sim 0.256\ \mathrm{A}$$

第七步 确定晶闸管的额定电流 $I_\mathrm{T(AV)}$。

$$I_\mathrm{T(AV)} \geqslant 0.283\ \mathrm{A}$$

因为电路无储能元器件，因此，选择额定电流为 1 A 的晶闸管就可以满足正常工作的需要了。

由以上分析可以确定晶闸管应选用的型号为 KP1-7。

任务二 单结晶体管及单结晶体管触发电路测试

一、任务描述与目标

前面已知要使晶闸管导通，除了加上正向阳极电压外，还必须在门极和阴极之间加上适当的正向触发电压与电流，为门极提供触发电压与电流的电路称为触发电路。对晶闸管触发电路来说，首先触发信号应该具有足够的触发功率（触发电压和触发电流），以保证晶闸管可靠导通；其次，触发脉冲应有一定的宽度，脉冲的前沿要陡峭；最后，触发脉冲必须与主电路晶闸管的阳极电压同步并能根据电路要求在一定的移相范围内移相。

单结晶体管触发电路具有结构简单、调试方便、脉冲前沿陡、抗干扰能力强等优点，广泛应用于 50 A 以下中、小容量晶体管的单相可控整流装置中。本次任务的目标如下。

(1) 观察单结晶体管，认识其外形结构、端子及型号；

(2) 会选用和检测单结晶体管；

(3) 掌握单结晶体管的基本参数，初步具备成本核算意识；

(4) 掌握单结晶体管的特性，能利用其特性分析单结晶体管触发电路的工作原理；

（5）掌握单结晶体管触发电路调试技能；

（6）尝试掌握单片机触发的电路设计。

二、相关知识

（一）单结晶体管的结构及测试

1. 单结晶体管的结构

单结晶体管的原理结构如图 1-10(a)所示。它是一种只有一个 PN 结和两个电阻接触电极的半导体器件，它的基片为条状的高阻 N 型硅片，两端分别用欧姆接触引出两个基极 b_1 和 b_2。在硅片中间略偏 b_2 一侧，用合金法制作一个 P 区作为发射极 e。两个基极之间的电阻为 R_{bb}，一般在 2～15 kW 之间，R_{bb} 一般可分为两段，$R_{bb}=R_{b1}+R_{b2}$，R_{b1} 是第一基极 b_1 至 PN 结的电阻，R_{b2} 是第二基极 b_2 至 PN 结的电阻。等效电路如图 1-10(b)所示，图形符号如图 1-10(c)所示，外形如图 1-10(d)所示。

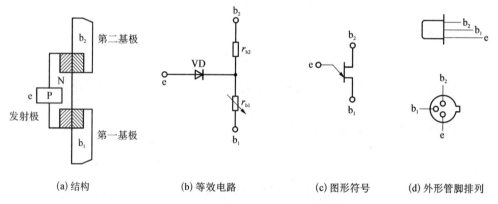

| (a) 结构 | (b) 等效电路 | (c) 图形符号 | (d) 外形管脚排列 |

图 1-10 单结晶体管的原理结构图

2. 单结晶体管的电极判定

在实际使用时，可以用万用表来测试管子的 3 个电极，方法如下，测量结果如图 1-11 所示。

（1）测量 e-b_1 和 e-b_2 间的反向电阻。

① 指针式万用表置于电阻挡，将万用表红表笔接 e 端，黑表笔接 b_1 端，测量 e-b_1 两端的电阻。

② 将万用表黑表笔接 b_2 端，红表笔接 e 端，测量 b_2-e 两端的电阻，测量结果如图 1-11(a)所示。结果：两次测量的电阻值均较大（通常在几十千欧）。

（2）测量 e-b_1 和 e-b_2 间的正向电阻。

① 将万用表黑表笔接 e 端，红表笔接 b_1 端，再次测量 b_1-e 两端的电阻，测量结果如图 1-11(b)所示。

② 将万用表黑表笔接 e 端，红表笔接 b_2 端，再次测量 b_2-e 两端的电阻，测量结果如图 1-11(c)所示。结果：两次测量的电阻值均较小（通常在几千欧）。

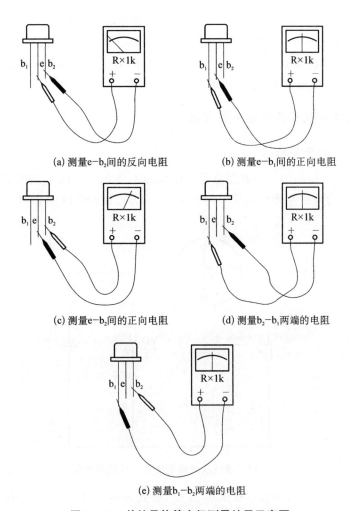

(a) 测量e-b₂间的反向电阻　　(b) 测量e-b₁间的正向电阻

(c) 测量e-b₂间的正向电阻　　(d) 测量b₂-b₁两端的电阻

(e) 测量b₁-b₂两端的电阻

图 1-11　单结晶体管电极测量结果示意图

（3）测量 b_1 - b_2 间的正反向电阻。

① 将万用表红表笔接 b_1 端，黑表笔接 b_2 端，测量 b_2 - b_1 两端的电阻，测量结果如图 1-11(d)所示。

② 将万用表黑表笔接 b_1 端，红表笔接 b_2 端，再次测量 b_1 - b_2 两端的电阻，测量结果如图 1-11(e)所示。结果：b_1 - b_2 间的电阻 R_{bb} 为固定值。

由以上的分析可以看出，用万用表可以很容易地判断出单结晶体管的发射极，只要发射极对了，即使 b_1、b_2 接反了，也不会烧坏管子，只是没有脉冲输出或者脉冲幅度很小，这时只要将 2 个引脚调换一下就可以了。

3. 单结晶体管的测试

我们可以通过测量管子极间电阻或负阻特性的方法来判定它的好坏。其具体操作步骤如下。

（1）测量 PN 结正、反向电阻大小。将万用表置于 R×100 挡或 R×1k 挡，黑表笔接 e，红表笔分别接 b_1 或 b_2 时，测得管子 PN 结的正向电阻一般应为几千欧至几十千欧，要比普通二极管的正向电阻稍大一些。再将红表笔接 e，黑表笔分别接 b_1 或 b_2，测得 PN 结的反向电阻，正常时指针偏向无穷大。一般讲，反向电阻与正向电阻的比值应大于 100 为好。

（2）测量基极电阻 R_{BB}。将万用表的红、黑表笔分别任意接基极 b_1 和 b_2，测量 b_1-b_2 的电阻应在 $2\text{ k}\Omega \sim 12\text{ k}\Omega$ 范围内，阻值过大或过小都不好。

（二）单结晶体管伏安特性及主要参数

1. 单结晶体管的伏安特性

当 2 个基极 b_1 和 b_2 间加某一固定直流电压 U_{BB} 时，发射极电流 I_E 与发射极正向电压 U_E 之间的关系曲线称为单结晶体管的伏安特性 $I_E = f(U_E)$，试验电路图如图 1-12 所示。

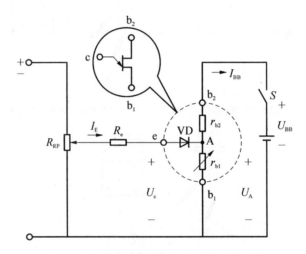

图 1-12　单结晶体管的伏安特性试验电路

当开关 S 断开，I_{BB} 为 0，加发射极电压 U_E 时，得到如图 1-13 中①所示伏安特性曲线，该曲线与二极管伏安特性曲线相似。

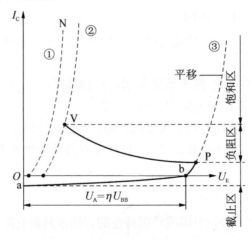

图 1-13　单结晶体管的伏安特性

（1）截止区——aP 段。当 U_E 从零逐渐增加，但 $U_E < U_A$ 时，单结晶体管的 PN 结反向偏

置,只有很小的反向漏电流。当 U_E 增加到与 U_A 相等时, $I_E=0$,即如图 1-13 所示特性曲线与横坐标交点 b 处。进一步增加 U_E,PN 结开始正偏,出现正向漏电流,直到当发射结电位 U_E 增加到高出 ηU_{BB} 一个 PN 结正向压降 U_D,即 $U_E=U_P=\eta U_{BB}+U_D$ 时,等效二极管 VD 才导通,此时单结晶体管由截止状态进入到导通状态,并将该转折点称为峰点 P。P 点所对应的电压称为峰点电压 U_P,所对应的电流称为峰点电流 I_P。

(2) 负阻区——PV 段。当 $U_E>U_P$ 时,等效二极管 VD 导通,I_E 增大,这时大量的空穴载流子从发射极注入 A 点到 b1 的硅片,使 r_{b1} 迅速减小,导致 U_A 下降,因而 U_E 也下降。U_A 的下降,使 PN 结承受更大的正偏,引起更多的空穴载流子注入硅片中,使 r_{b1} 进一步减小,形成更大的发射极电流 I_E,这是一个强烈的增强式正反馈过程。当 I_E 增大到一定程度,硅片中载流子的浓度趋于饱和,r_{b1} 已减小至最小值,A 点的分压 U_A 最小,因而 U_E 也最小,得曲线上的 V 点。V 点称为谷点,谷点所对应的电压和电流称为谷点电压 U_V 和谷点电流 I_V。这一区间称为特性曲线的负阻区。

(3) 饱和区——VN 段。当硅片中载流子饱和后,欲使 I_E 继续增大,必须增大电压 U_E,单结晶体管处于饱和导通状态。

改变 U_{BB},等效电路中的 U_A 和特性曲线中的 U_P 也随之改变,从而可获得一族单结晶体管伏安特性曲线,如图 1-14 所示。

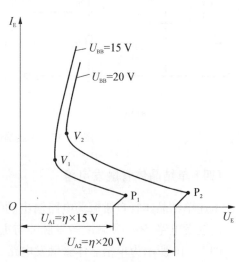

图 1-14　改变 U_{BB} 单结晶体管伏安特性曲线族

2. 单结晶体管的主要参数

单结晶体管的主要参数有基极间电阻 r_{BB}、分压比 η、峰点电流 I_P、谷点电压 U_V、谷点电流 I_V 及耗散功率等。国产单结晶体管的型号主要有 BT31、BT33、BT35 等,BT 表示特种半导体管。具体单结晶体管参数指标可上网查阅。

(三) 单结晶体管自激振荡电路

利用单结晶体管的负阻特性和电容的充放电,可以组成单结晶体管自激振荡电路。单结晶体管自激振荡电路的电路图和波形图如图 1-15 所示。

设电容器初始电压为零,电路接通以后,单结晶体管是截止的,电源经电阻 R_2、R_P 对电容 C 进行充电,电容电压从零起按指数充电规律上升,充电时间常数为 R_EC;当电容两端电压达到单结晶体管的峰点电压 U_P 时,单结晶体管导通,电容开始放电,由于放电回路的电阻很小,因此放电很快,放电电流在电阻 R_4 上产生了尖脉冲。随着电容放电,电容电压降低,当电容电压降到谷点电压 U_V 以下,单结晶体管截止,接着电源又重新对电容进行充电……如此周而复始,在电容 C 两端会产生一个锯齿波,在电阻 R_4 两端将产生一个尖脉冲波,如图 1-15(b)所示。

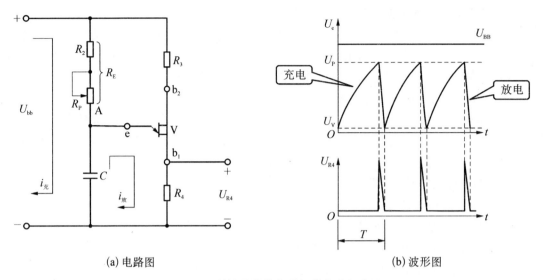

(a) 电路图   (b) 波形图

图 1-15　单结晶体管自激振荡电路和波形

（四）单结晶体管触发电路

上述单结晶体管自激振荡电路输出的尖脉冲可以用来触发晶闸管,但不能直接用作晶闸管的触发电路,还必须解决触发脉冲与主电路同步的问题。

图 1-16 所示为单结晶体管触发电路。

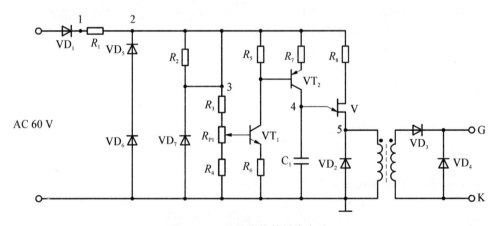

图 1-16　单结晶体管触发电路

1. 同步电路

（1）什么是同步。触发信号和电源电压在频率和相位上相互协调的关系称同步。例如,在单相半波可控整流电路中,触发脉冲应出现在电源电压正半周范围内,而且每个周期的 α 角相同,确保电路输出波形不变,输出电压稳定。

（2）同步电路组成。同步电路由同步变压器、VD_1 半波整流、电阻 R_1 及稳压管组成。同步变压器一次侧与晶闸管整流电路接在同一相电源上,交流电压经同步变压器降压、单相半波整流后再经过稳压管稳压削波形成一梯形波电压,作为触发电路的供电电压。梯形波电压零点与晶闸管阳极电压零点一致,从而实现触发电路与整流主电路的同步。

2. 脉冲移相与形成

(1) 电路组成。脉冲移相与形成电路实际上就是单结晶体管自激振荡电路。脉冲移相由 R_7 及等效可变电阻 VT_2 和电容 C 组成,脉冲形成由单结晶体管、温补电阻 R_8、脉冲变压器原边绕组组成。

(2) 工作原理。梯形波通过 R_7 及等效可变电阻 VT_2 向电容 C_1 充电,当充电电压达到单结晶体管的峰值电压 U_P 时,单结晶体管 V 导通,电容通过脉冲变压器原边放电,脉冲变压器副边输出脉冲。同时由于放电时间常数很小,C_1 两端的电压很快下降到单结晶体管的谷点电压 U_v,使 V 关断,C_1 再次充电,周而复始,在电容 C_1 两端呈现锯齿波形,在脉冲变压器副边输出尖脉冲。在一个梯形波周期内,V 可能导通、关断多次,但只有输出的第一个触发脉冲对晶闸管的触发时刻起作用。充电时间常数由电容 C_1 和等效电阻等决定,调节 R_{P1} 改变 C_1 的充电时间,控制第一个尖脉冲的出现时刻,实现脉冲的移相控制。

3. 各主要点波形

单结晶体管触发电路的各点主要波形如图 1-17 所示。

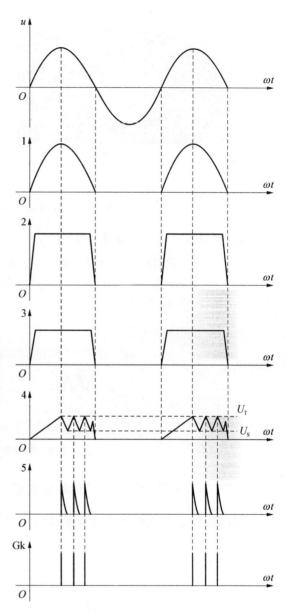

图 1-17 单结晶体管触发电路各点主要波形

三、总结与提升

(一) 单结晶体管触发电路的移相范围

1. 移相范围

移相范围是指一个周期内触发脉冲的移动范围,一般用电角度来表示。单结晶体管触发电路一个周期内有时有多个脉冲,只有第一个脉冲触发晶闸管导通,因此,单结晶体管触发电路的脉冲可移动的范围是第一个脉冲离纵轴最近时的电角度到最远时的电角度。如图 1-18(a)所示,为最小控制角 α_1,(b)为最大控制角 α_2,移相范围为 $\alpha_1 \sim \alpha_2$。

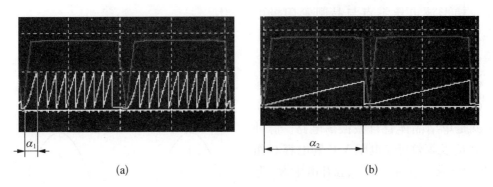

图 1 - 18　单结晶体管触发电路的移相范围

2. 控制角 α 的确定方法

（1）调节示波器波形显示窗口显示的波形便于观察。

（2）根据波形的一个周期 360°对应网格数，可估算波形的控制角。如图 1 - 19 所示的波形，可以估计，这个波形对应的是控制角大概为 45°的波形。

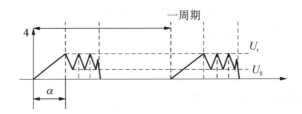

图 1 - 19　控制角 α 的确定方法图

（二）单结晶体管构成的其他触发电路

单结晶体管构成的触发电路如图 1 - 20 所示，由同步电路、脉冲移相与形成两部分组成。

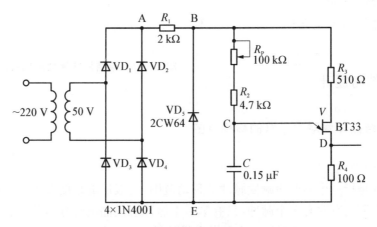

图 1 - 20　单结晶体管构成的触发电路

1. 同步电路

(1) 同步电路组成。同步电路由同步变压器、桥式整流电路 $VD_1 \sim VD_4$、电阻 R_1 及稳压管组成。

(2) 工作原理。同步变压器一次侧与晶闸管整流电路接在同一相电源上，交流电压经同步变压器降压、单相桥式整流后再经过稳压二极管稳压削波，形成一梯形波电压，作为触发电路的供电电压。

2. 脉冲移相与形成

(1) 电路组成。脉冲移相与形成电路实际上就是上述单结晶体管自激振荡电路。脉冲移相由电阻 R_E（R_P 和 R_2 组成）和电容 C 组成，脉冲形成由单结晶体管、温补电阻 R_3、输出电阻 R_4 组成。

(2) 工作原理。改变自激振荡电路中电容 C 的充电电阻的阻值，就可以改变充电的时间常数，图中用电位器 R_P 来实现这一变化，例如：$R_P \uparrow \to \tau_C \uparrow \to$ 出现第一个脉冲的时间后移$\to \alpha_a \uparrow \to U_d \downarrow$。

3. 各主要点波形

(1) 桥式整流后脉动电压的波形（见图 1-20 中"A"点）。由电子技术的知识我们可以知道"A"点波形为由 $VD_1 \sim VD_4$ 4 个二极管构成的桥式整流电路输出波形，如图 1-21(a)所示。

(2) 削波后梯形波电压波形（见图 1-20 中"B"点）。该点波形是经稳压管削波后得到的梯形波，如图 1-21(b)所示。

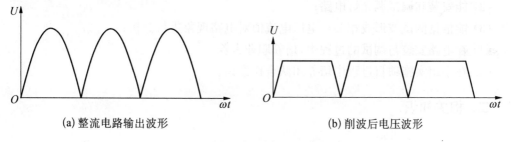

(a) 整流电路输出波形　　　　　　　　　(b) 削波后电压波形

图 1-21　整流后电压的波形

(3) 电容电压的波形（见图 1-20 中"C"点）。由于电容每半个周期在电源电压过零点从零开始充电，当电容两端的电压上升到单结晶体管峰点电压时，单结晶体管导通，触发电路送出脉冲，电容的容量和充电电阻 R_E 的大小决定了电容两端的电压从零上升到单结晶体管峰点电压的时间，波形如图 1-22 所示。

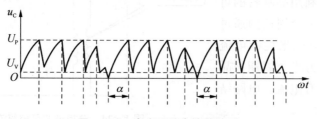

图 1-22　电容两端电压的波形

（4）输出脉冲的波形（见图 1-20 中"D"点）。单结晶体管导通后，电容通过单结晶体管的 eb_1 迅速向输出电阻 R_4 放电，在 R_4 上得到很窄的尖脉冲。波形如图 1-23 所示。

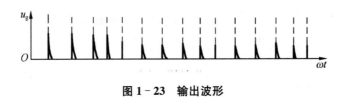

图 1-23　输出波形

任务三　单相半波可控整流电路

一、任务描述与目标

单相半波可控整流调光灯主电路实际上就是负载为电阻性的单相半波可控整流电路，电阻负载的特点是负载两段电压波形和电流波形相似，其电压、电流均允许突变。调光灯在调试及修理过程中，电路工作原理的掌握、输出波形 u_d 和晶闸管两端电压 u_T 波形的分析是非常重要的。本次任务的目标如下。

（1）会分析单相半波可控整流电路的工作原理；

（2）能安装和调试调光灯电路；

（3）能根据测试波形或相关点电压电流值对电路现象进行分析；

（4）在电路安装与调试的过程中，培养职业素养；

（5）在小组实施项目过程中培养团队合作意识。

二、相关知识

（一）单相半波可控整流电路结构

1. 电路结构

半波整流可控整流电路是变压器的次级绕组与负载相接，中间串联一个晶闸管，利用晶闸管的可控单向导电性，在半个周期内通过控制晶闸管导通时间来控制电流流过负载的时间，另半个周期被晶闸管所阻，负载没有电流。电路结构如图 1-24 所示。

整流变压器（调光灯电路可直

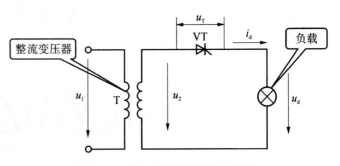

图 1-24　单相半波可控整流电路图

接由电网供电，不采用整流变压器)具有变换电压和隔离的作用，其一次和二次电压瞬时值分别用 u_1 和 u_2 表示，电流瞬时值用 i_1 和 i_2 表示，电压有效值用 U_1 和 U_2 表示，电流有效值用 I_1 和 I_2 表示。晶闸管两端电压用 u_T 表示，晶闸管两端电压最大值用 U_{TM} 表示。流过晶闸管的电流瞬时值用 i_T 表示，有效值用 I_T 表示，平均值用 I_{dT} 表示。负载两端电压瞬时值用 u_d 表示，平均值用 U_d 表示，有效值用 U 表示，流过负载的电流瞬时值用 i_d 表示，平均值用 I_d 表示，有效值用 I 表示。

2. 名词术语

(1) 控制角 α。控制角 α 也叫触发角或触发延迟角，是指晶闸管从承受正向电压开始到触发脉冲出现之间的电角度。晶闸管承受正向电压开始的时刻要根据晶闸管具体工作电路来分析，单相半波电路中，晶闸管承受正向电压开始时刻为电源电压过零变正的时刻，如图 1-25 所示。

(2) 导通角 θ。导通角 θ 是指晶闸管在一个周期内处于导通的电角度。单相半波可控整流电路电阻性负载时，$\theta = 180° - \alpha$，如图 1-25 所示。不同电路或者同一电路不同性质的负载，导通角 θ 和控制角 α 的关系不同。

(3) 移相。移相是指改变触发脉冲出现的时刻，即改变控制角 α 的大小。

(4) 移相范围。移相范围是指一个周期内触发脉冲的移动范围，它决定了输出电压的变化范围。单相半波可控整流电路电阻性负载时，移相范围为 180°。不同电路或者同一电路不同性质的负载，移相范围不同。

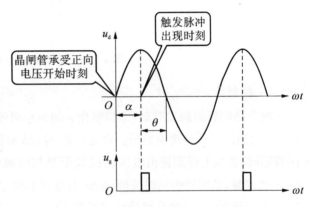

图 1-25　控制角 α 导通角 θ 示意图

(二) 单相半波可控整流电路电阻负载工作原理

1. 控制角 $\alpha = 0°$ 时

在 $\alpha = 0°$ 时，即在电源电压 u_2 过零变正点，晶闸管门极触发脉冲出现，如图 1-26 所示。在电源电压零点开始，晶闸管承受正向电压，此时触发脉冲出现，满足晶闸管导通条件，晶闸管导通，负载上得到输出电压 u_d 的波形是与电源电压 u_2 相同形状的波形；当电源电压 u_2 过零点，流过晶闸管电流为 0(晶闸管的维持电流很小，一般为几十毫安，理论分析时假设为 0)，晶闸管关断，负载两端电压 u_d 为零；在电源电压 u_2 负半周内，晶闸管承受反向电压，不能导通，直到第二周期 $\alpha = 0°$。触发电路再次施加触发脉冲时，晶闸管再次导通。晶闸管两端的波形如图 1-26(b)所示。

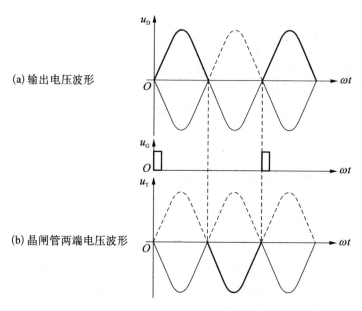

图 1 - 26　控制角 $\alpha = 0°$ 时电路波形

2. 控制角 $\alpha = 30°$ 时

改变晶闸管的触发时刻,即控制角 α 的大小可改变输出电压的波形,图 1 - 27(a)所示为 $\alpha = 30°$ 的输出电压的理论波形。在 $\alpha = 30°$ 时,晶闸管承受正向电压,此时加入触发脉冲,晶闸管导通,负载上得到输出电压 u_d 的波形是与电源电压 u_2 相同形状的波形;同样当电源电压 u_2 过零时,晶闸管也同时关断,负载上得到的输出电压 u_d 为零;在电源电压过零点到 $\alpha = 30°$ 之间的区间上,虽然晶闸管已经承受正向电压,但由于没有触发脉冲,晶闸管依然处于截止状态。晶闸管两端的波形如图 1 - 27(b)所示。

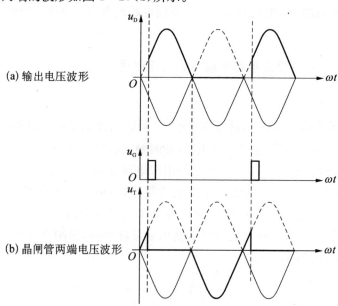

图 1 - 27　控制角 $\alpha = 30°$ 时电路波形

3. 控制角为其他角度时

（1）$\alpha = 60°$ 时，输出电压和晶闸管两端电压的理论波形图如图 1 ‑ 28 所示。

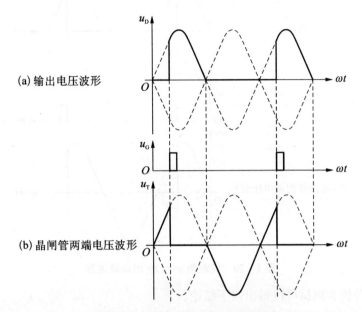

图 1 ‑ 28　控制角 $\alpha = 60°$ 时电路波形

（a）输出电压波形

（b）晶闸管两端电压波形

（2）控制角 $\alpha = 90°$ 时，输出电压和晶闸管两端电压的理论波形图如图 1 ‑ 29 所示。

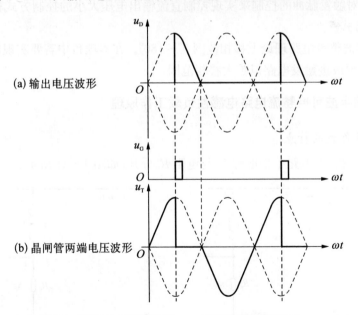

图 1 ‑ 29　控制角 $\alpha = 90°$ 时电路波形

（a）输出电压波形

（b）晶闸管两端电压波形

（3）控制角 $\alpha = 120°$ 时，输出电压和晶闸管两端电压的理论波形图如图 1 ‑ 30 所示。

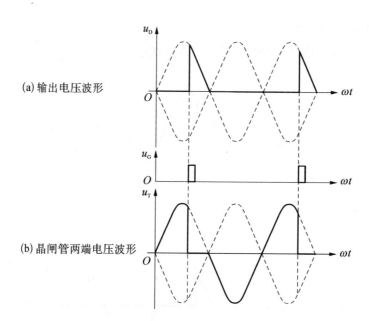

(a) 输出电压波形

(b) 晶闸管两端电压波形

图 1-30 控制角 $\alpha=120°$ 时电路波形

由以上的分析和测试可以得出以下结论。

① 在单相半波整流电路中,改变 α 大小即改变触发脉冲在每个周期内出现的时刻,则 U_d 和 i_d 的波形变化,输出整流电压的平均值 U_d 大小也随之改变,α 减小,U_d 增大,反之,U_d 减小。这种通过对触发脉冲的控制来实现控制直流输出电压大小的控制方式称为相位控制方式,简称相控方式。

② 单相半波整流电路理论上移相范围 $0°\sim180°$。在本项目中若要实现的移相范围达到 $0°\sim180°$,则需要改进触发电路以扩大移相范围。

(三) 单相半波可控整流电路电感性负载工作原理

1. 电感性负载的特点

为了便于分析,在电路中把电感 L_d 与电阻 R_d 分开,如图 1-31 所示。

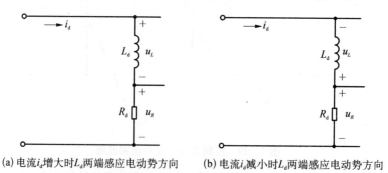

(a) 电流 i_d 增大时 L_d 两端感应电动势方向　　(b) 电流 i_d 减小时 L_d 两端感应电动势方向

图 1-31 电感性负载对电流的变化的阻碍作用

电感线圈是储能元件,当电流 i_d 流过线圈时,该线圈就储存有磁场能量,i_d 愈大,线圈储存的磁场能量也愈大。当 i_d 减小时,电感线圈就要将所储存的磁场能量释放出来,试图维持原有的电流方向和电流大小。电感本身是不消耗能量的。众所周知,能量的存放是不能突变的,可见当流过电感线圈的电流增大时,L_d 两端就要产生感应电动势,其方向应阻止 i_d 的增大,如图 1-31(a)所示。反之,i_d 要减小时,L_d 两端感应的电动势方向应阻碍 i_d 的减小,如图 1-31(b)所示。

2. 不接续流二极管时的工作原理

(1) 电路结构。单相半波可控整流电路电感性负载电路如图 1-32 所示。

(2) 工作原理

① 在 $0 \sim \omega t_1$ 期间:晶闸管阳极电压大于零,此时晶闸管门极没有触发信号,晶闸管处于正向阻断状态,输出电压和电流都等于零。

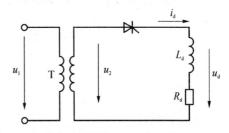

图 1-32　单相半波可控整流电路电感性负载电路图

② 在 ωt_1 时刻:门极加上触发信号,晶闸管被触发导通,电源电压 u_2 施加在负载上,输出电压 $u_d = u_2$。由于电感的存在,在 u_d 的作用下,负载电流 i_d 只能从零按指数规律逐渐上升。

③ 在 π 时刻:交流电压过零,由于电感的存在,流过晶闸管的阳极电流仍大于零,晶闸管会继续导通,此时电感储存的能量一部分释放变成电阻的热能,同时另一部分送回电网,电感的能量全部释放完后,晶闸管在电源电压 u_2 的反压作用下而截止。直到下一个周期的正半周,即 $2\pi + \alpha$ 时刻,晶闸管再次被触发导通。如此循环,其输出电压、电流波形如图 1-33 所示。

结论:由于电感的存在,使得晶闸管的导通角愈大,输出电压负值部分占的比例愈大,U_d 减少愈多。当电感 L_d 非常大时(满足 $\omega L_d \gg R_d$,通常 $\omega L_d > 10R_d$ 即可),对于不同的控制角 α,导通角 θ 将接近 $2\pi - 2\alpha$,这时负载上得到的电压波形正负面积接近相等,平均电压 $U_d \approx 0$。可见,即使导通角增大,在电源电压由正到负的过零点也不会关断,使负载电压波形出现部分负值,其结果只是使输出电压平均值 U_d 减小。电感越大,维持导电时间越长,输出电压负值部分调节控制角 α,U_d 值总是很小,电流平均值 I_d 也很小,没有实用价值。

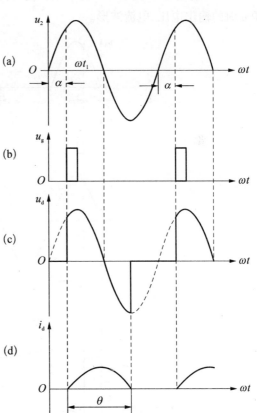

图 1-33　电感性负载无续流二极管电路输出电压、电流波形

实际的单相半波可控整流电路在带有电感性负载时,都在负载两端并联有续流二极管。

3. 接续流二极管时的工作原理

(1)电路结构。为了使电源电压过零变负时能及时地关断晶闸管,使 u_d 波形不出现负值,又能给电感线圈 L_d 提供续流的旁路,可以在整流输出端并联二极管,如图 1-34 所示。由于该二极管是为电感负载在晶闸管关断时提供续流回路,故称续流二极管。

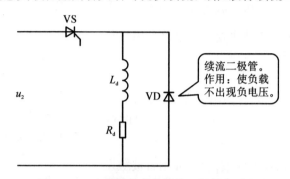

图 1-34 电感性负载接续流二极管电路图

(2)工作原理。图 1-35 为单相半波可控整流电路电感性负载电路接续流二极管,控制角 α 时的输出电压、电流波形。

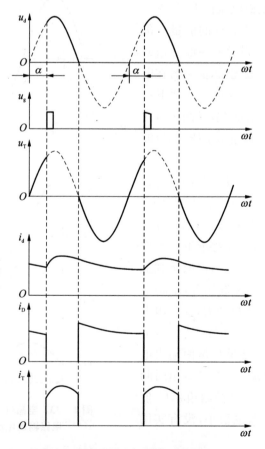

图 1-35 电感性负载接续流二极管电路的输出电压、电流波形

从波形图上可以看出以下几点。

① 在电源电压正半周（0～π 区间），晶闸管承受正向电压，触发脉冲在 α 时刻触发晶闸管导通，负载上有输出电压和电流。在此期间续流二极管 VD 承受反向电压而关断。

② 在电源电压负半波（π～2π 区间），电感的感应电压使续流二极管 VD 承受正向电压导通续流，此时电源电压 $u_2 < 0$，u_2 通过续流二极管使晶闸管承受反向电压而关断，负载两端的输出电压仅为续流二极管的管压降。如果电感足够大，续流二极管一直导通到下一周期晶闸管导通，使电流 i_d 连续，且 i_d 波形近似为一条直线。

三、总结与提升

（一）单相半波可控整流电路电阻性负载相关参数计算

1. 输出电压平均值与平均电流的计算

$$U_d = \frac{1}{2\pi}\int_\alpha^\pi \sqrt{2}U_2\sin\omega t\, d(\omega t) = 0.45U_2\frac{1+\cos\alpha}{2}$$

$$I_d = \frac{U_d}{R_d} = 0.45\frac{U_2}{R_d}\frac{1+\cos\alpha}{2}$$

可见，输出直流电压平均值 U_d 与整流变压器二次侧交流电压 U_2 和控制角 α 有关。当 U_2 给定后，U_d 仅与 α 有关，

当 α＝0°时，则 $U_{d0} = 0.45 U_2$，为最大输出直流平均电压。

当 α＝180°时，$U_d = 0$。只要控制触发脉冲送出的时刻，U_d 就可以在 0～0.45 U_2 之间连续可调。

2. 负载上电压有效值与电流有效值的计算

根据有效值的定义，U 应是 u_d 波形的均方根值，即

$$U = \sqrt{\frac{1}{2\pi}\int_\alpha^\pi (\sqrt{2}U_2\sin\omega t)^2 d(\omega t)} = U_2\sqrt{\frac{\pi-\alpha}{2\pi}+\frac{\sin2\alpha}{4\pi}}$$

负载电流有效值的计算：

$$I = \frac{U_2}{R_d}\sqrt{\frac{\pi-\alpha}{2\pi}+\frac{\sin2\alpha}{4\pi}}$$

3. 晶闸管电流有效值 I_T 与管子两端可能承受的最大电压

在单相半波可控整流电路中，晶闸管与负载串联，所以负载电流的有效值也就是流过晶闸管电流的有效值，其关系为

$$I = \frac{U_2}{R_d}\sqrt{\frac{\pi-\alpha}{2\pi}+\frac{\sin2\alpha}{4\pi}}$$

由波形图可知，晶闸管可能承受的正反向峰值电压为

$$U_{TM} = \sqrt{2}U_2$$

4. 功率因数 $\cos\varphi$

$$\cos\varphi = \frac{P}{S} = \frac{UI}{U_2 I} = \sqrt{\frac{\pi - \alpha}{2\pi} + \frac{\sin 2\alpha}{4\pi}}$$

例 1-2 单相半波可控整流电路,电阻性负载,电源电压 U_2 为 220 V,要求的直流输出电压为 50 V,直流输出平均电流为 20 A,试计算:

(1) 晶闸管的控制角 α;

(2) 输出电流有效值;

(3) 电路功率因数;

(4) 晶闸管的额定电压和额定电流,并选择晶闸管的型号。

解 (1) 由计算输出电压为 50 V 时的晶闸管控制角 α

$$\cos\alpha = \frac{2 \times 50}{0.45 \times 220} - 1 \approx 0$$

求得 $\alpha = 90°$。

(2)

$$R_d = \frac{U_d}{I_d} = \frac{50}{20} = 2.5 \ \Omega$$

当 $\alpha = 90°$时,

$$I = \frac{U_2}{R_d} \sqrt{\frac{\pi - \alpha}{2\pi} + \frac{\sin 2\alpha}{4\pi}} = 44.4 \ \text{A}$$

(3)

$$\cos\varphi = \frac{P}{S} = \frac{UI}{U_2 I} = \sqrt{\frac{\pi - \alpha}{2\pi} + \frac{\sin 2\alpha}{4\pi}} = 0.5$$

(4) 根据额定电流有效值 I_T 大于等于实际电流有效值 I 的原则,即 $I_T \geqslant I$,则 $I_{T(AV)} \geqslant (1.5 \sim 2) I_T / 1.57$,取 2 倍安全裕量,晶闸管的额定电流为 $I_{T(AV)} \geqslant 42.4 \sim 56.6$ A。按电流等级可取额定电流 50 A。

晶闸管的额定电压为 $U_{Tn} = (2 \sim 3) U_{TM} = (2 \sim 3)\sqrt{2} \times 220 = 622 \sim 933$ V。

按电压等级可取额定电压 700 V,即 7 级,选择晶闸管型号为:KP50-7。

(二) 单相半波可控整流电路电阻电感性负载相关参数计算

1. 输出电压平均值 U_d 与输出电流平均值 I_d

$$U_d = 0.45 U_2 \frac{1 + \cos\alpha}{2}$$

$$I_d = \frac{U_d}{R_d} = 0.45 \frac{U_2}{R_d} \frac{1 + \cos\alpha}{2}$$

2. 流过晶闸管电流的平均值 I_{dT} 和有效值 I_T

$$I_{dT} = \frac{\pi - \alpha}{2\pi} I_d$$

$$I_{\mathrm{T}} = \sqrt{\frac{1}{2\pi}\int_{\alpha}^{\pi} I_{\mathrm{d}}^2 \mathrm{d}(\omega t)} = \sqrt{\frac{\pi - \alpha}{2\pi}} I_{\mathrm{d}}$$

3. 流过续流二极管电流的平均值 I_{dD} 和有效值 I_{D}

$$I_{\mathrm{dD}} = \frac{\pi + \alpha}{2\pi} I_{\mathrm{d}}$$

$$I_{\mathrm{D}} = \sqrt{\frac{\pi + \alpha}{2\pi}} I_{\mathrm{d}}$$

4. 晶闸管和续流二极管承受的最大正反向电压

晶闸管和续流二极管承受的最大正反向电压都为电源电压的峰值

$$U_{\mathrm{TM}} = U_{\mathrm{DM}} = \sqrt{2} U_2$$

任务四　单相半波整流调光灯电路安装

一、任务描述与目标

根据图 1-36 完成下列工作任务：参照电路原理图正确组装电路，电路安装完毕后，对电路进行相关参数测量，根据检测结果分析故障原因，排除相应故障。

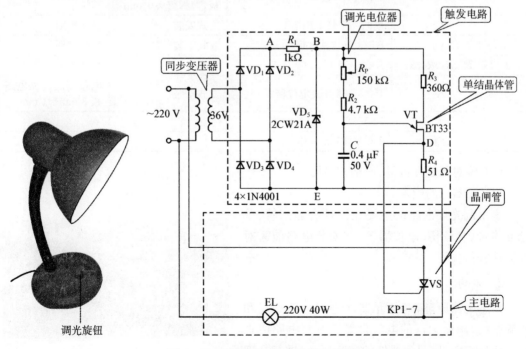

图 1-36　单相半波整流调光灯电路图

本任务目标如下。

（1）掌握晶闸管、单结晶体管的使用方法以及在电路中的作用；

（2）能按工艺要求安装电路；

（3）能对电路中所使用的元器件进行检测；

（4）能结合故障现象进行故障原因的分析与排除。

二、制作方法

（一）工具及设备

电烙铁、烙铁架、焊锡丝、多功能电路板、松香、镊子、小刀、斜口钳、万用表、示波器等。

（二）操作步骤

1. 准备工作

（1）准备好实训工具。

（2）准备元器件。

按照电路原理图准备所需元器件，并将各元器件摆放好。元器件清单见表 1-1 所示。

表 1-1　元器件清单

序号	文字符号	元器件名称规格	安装要求	注意事项
1	$VD_1 \sim VD_4$	1N4007 二极管	水平安装，紧贴电路板，剪脚留头 1 mm	极性
2	VS	单向晶闸管 KP1-7	立式安装	管脚判别
3	VT	BT33 单结晶体管	立式安装	管脚判别
4	R_1、R_2、R_3、R_4	1 kΩ、4.7 kΩ、360 Ω、51 Ω	水平安装	色环朝向一致
5	R_P	150 kΩ 带开关电位器	立式安装	电位器底部离电路板 3 mm±1 mm
6	C	50 V/0.4 μF 涤纶电容		
7	EL	220 V/15 W 白炽		

（3）核对元器件数量、规格、型号。

（4）元器件的检测。

家用调光灯电路的主要元器件有晶闸管、单结晶体管、整流桥、电位器等，在安装电路前需对元器件进行检测。

2. 布局

熟悉电路原理，对各元器件进行合理布局和正确布线，确保优良的电气性能。按照电路原理图中信号流向，按照元器件的实际尺寸，进行合理布局（参见图 1-37）。

图 1-37　电路元件布局图

3. 安装

安装电路时,先按照元器件在电路板上的布局,固定元器件的位置,再将各个元器件按照原理图进行连接,组成完整的电路。

(1) 先对元器件进行预加工。

(2) 按照布局焊接元器件。

安装时,应注意以下几点:

① 晶闸管、单结晶体管在安装时注意极性,切勿装错。

② 安装完毕,将 R_P 置中间位置。

③ 灯头插座固定在电路板上,根据灯头插座的尺寸在电路板上钻固定孔和导线接孔。

④ 散热片上钻孔,安装在晶闸管 VS 上,散热用。

⑤ 电路板四周用 4 个螺杆固定支撑。

(3) 连接导线。

将各个元器件用导线连接起来,组成完整的电路。

(4) 检查。

焊接完成后,要检查焊点是否合格,并将焊接表面清洁干净。

4. 电路测量

(1) 通电前的安全检查

① 根据安装图检查是否有漏装的元器件或连接导线。

② 根据安装图或电路原理图检查晶闸管、单结晶体管极性安装是否正确,完成以上检查即可通电测试。

(2) 观察电压波形

用示波器观察变压器二次电压波形(正弦波)和负载上的波形,并验证结果,见表 1 - 2 所示。

表 1 - 2　电路测量参考点波形

测量点	电路电压波形	电路状态
变压器二次侧	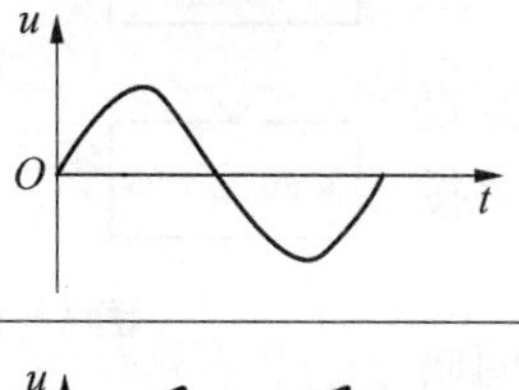	电路正常
单结晶体管发射极	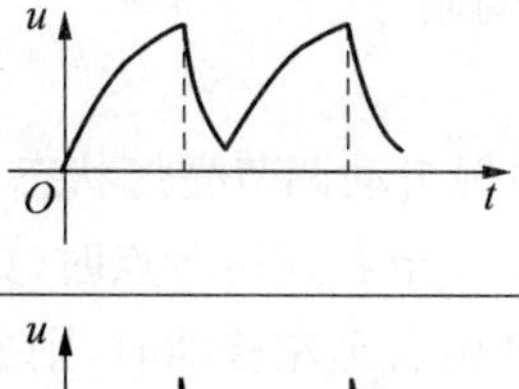	电路正常
晶闸管控制极	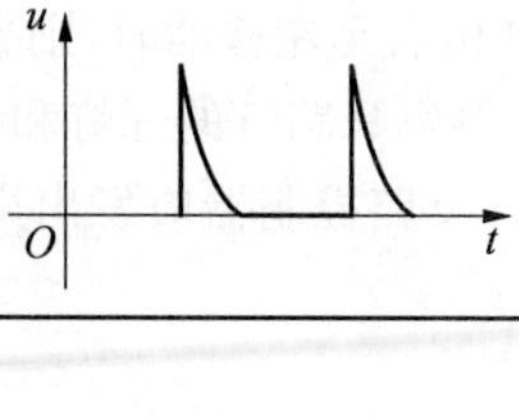	电路正常

5. 调整元器件参数

① 由于电路直接和工频电相连,调试时要注意安全,防止触电。调试前认真仔细核对各个元器件安装是否可靠,最后插上白炽灯进行调试。

② 插上电源插头,人体各部分远离电路各个部分,打开开关,右旋电位器把柄,白炽灯应逐渐变亮,右旋到白炽灯最亮;反之,左旋电位器把柄,白炽灯应该逐渐变暗,左旋到头灯光熄灭。

6. 常见故障检修

① 白炽灯不亮不调光。由 BT33 组成的单结晶体管张弛振荡器停振,可造成白炽灯不亮,不可调光。可检查 BT33 是否损坏,C 是否漏电或损坏。

② 电位器顺时针旋转时,白炽灯逐渐变暗。这是电位器中心抽头接错位置所致。

③ 调节电位器到最小位置时,白炽灯突然熄灭。可检查电阻 R_2 的电阻值,若 R_2 的电阻值过小或短路,则应该更换 R_2。

④ 总结调试和维修结果,并记录。

任务五　设计与制作

2009 年国赛赛题——模拟路灯控制系统(Ⅰ题)

一、赛题

设计并制作一套模拟路灯控制系统。控制系统结构如图 1-38 所示,路灯布置如图 1-39 所示。

1. 要求

(1) 支路控制器有时钟功能,能设定、显示开关灯时间,并控制整条支路按时开灯和关灯。

(2) 支路控制器应能根据环境明暗变化,自动开灯和关灯。

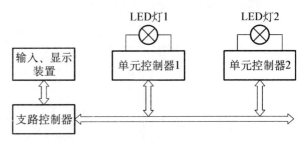

图 1-38　路灯控制系统示意图

(3) 支路控制器应能根据交通情况自动调节亮灯状态:当可移动物体 M(在物体前端标出定位点,由定位点确定物体位置)由左至右到达 S 点时(如图 1-39),灯 1 亮;当物体 M 到达 B 点时,灯 1 灭,灯 2 亮;若物体 M 由右至左移动时,则亮灯次序与前面相反。

(4) 支路控制器能分别独立地控制每只路灯的开灯和关灯时间。

(5) 当路灯出现故障时(灯不亮),支路控制器应发出声光报警信号,并显示有故障路灯的地址编号。

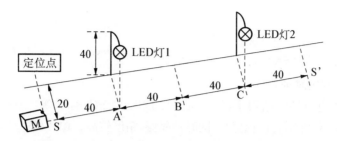

图 1-39 路灯布置示意图(单位:cm)

2. 发挥部分

(1) 自制单元控制器中的 LED 灯恒流驱动电源。

(2) 单元控制器具有调光功能,路灯驱动电源输出功率能在规定时间内按设定要求自动减小,该功率应能在 20%～100%范围内设定并调节,调节误差≤2%。

(3) 其他(性价比等)。

3. 说明

(1) 光源采用 1 W 的 LED 灯,LED 的类型不做限定。

(2) 自制的 LED 驱动电源不得使用产品模块。

(3) 自制的 LED 驱动电源输出端需留有电流、电压测量点。

(4) 系统中不得采用接触式传感器。

(5) 需测定可移动物体 M 上的定位点与过"亮灯状态变换点"(S、B、S'等点)垂线间的距离,要求该距离≤2 cm。

二、设计概述

本模拟路灯控制系统的设计方案要实现的主要功能主要分解为以下五个方面:

(1) 时钟功能及定时开关灯。

(2) 根据环境明暗变化,自动开灯和关灯。

(3) 根据交通情况自动调节亮灯状态:当汽车靠近路灯时,路灯能自动点亮;当汽车远离时,路灯自动熄灭。

(4) 声光报警功能,当路灯出现故障而不亮时,控制器发出信号,并显示有故障路灯的地址编号。

(5) 根据绿色节能照明要求,采用恒流源驱动 LED 路灯发亮且能调光,路灯驱动电源输出功率能在 20%～100%范围内设定并调节,调节误差≤2%。

以上功能的实现,都是以单片机为核心,在单片机系统实现的输入输出和显示功能的基础上,由单片机的内置逻辑和运算功能加上一定的外围电路得以实现。针对以上的五个功能,采用模块化的设计思想,以下分别叙述。

三、系统方案

1. 时钟功能及定时开关机

方案一：采用专用时钟芯片。

现在流行的串行时钟电路很多，如 DS1302、DS1307、PCF8485 等。其优势是可以单独使用，直接连接到单片机外围，有自己独立的时钟晶振，精度较高。单片机通过串行接口读取和写入当前的时钟值，时钟芯片的运行受单片机死机的影响少。其缺点一是消耗了单片机 IO 口资源。二是在编程时需要增加读写串行口的内容，消耗了单片机的运行时间。三是增加了成本。

方案二：采用单片机内置时钟振荡电路及定时器构建时间平台。

可直接利用单片机的内置定时器，通过定时器的中断和简单运算实现时钟功能。

方案二没有增加外置电路，充分利用了单片机的定时器功能，实施简洁方便，主要的缺点是当控制系统断电或死机以后，需要人工重新定时。

本系统的时钟功能实现采用方案二。

2. 根据环境明暗变化，自动开灯和关灯功能

方案一：采用比较器的解决方案。

光敏电阻与固定电阻串联，加一级电压跟随器后输入比较器，与比较器负输入端的电压值进行比较，得到一个高电平或低电平输出，进入单片机的 IO 口。

优点是电路比较直观，操作比较方便，可直接通过电位器调节路灯的开启亮度；缺点是不方便进行数码控制。

方案二：采用 AD 变换。

光敏电阻与固定电阻串联，由单片机内置的 AD 变换接口读入当前的电压值，然后根据读取的电压值判断当前的环境亮度。路灯的开启电平由内部的变量控制。方案二的优点在于可以方便地实现对路灯开启电平的数码控制和远程控制。

本系统采用方案二。

3. 根据交通情况自动调节亮灯状态。

当汽车靠近路灯时，路灯能自动点亮；当汽车远离时，路灯自动熄灭。

方案一：采用工业级的光电传感器。这种光电传感器普遍运用于电梯、生产线等工业场所。优点是使用方便，型号很多，输出量是开关量，不需调整电路。缺点是价格较贵。

方案二：采用廉价的红外对射传感器。

红外对射的特点是传输距离较远，能量集中。当没有物体遮挡时，红外光直射到红外探头上，红外接收管连续输出低电平到单片机，当有物体经过时，红外光被遮住，此时红外探头输出高电平到单片机。由于红外光的发射有一定的偏角，本设计利用了黑色套管遮挡红外发射灯头，以减少红外光的散失。

本系统采用方案二。

4. 故障报警功能

采用光敏电阻检测路灯的亮度，同时排除环境光的干扰。

利用单片机的 AD 口，读入光敏电阻上检测到的路灯亮度值来控制报警是否启动。

5. 恒流源驱动 LED 及 20%到 100%范围内可调亮度

方案一:采用恒流源驱动芯片,目前市场上成品的恒流源驱动芯片比较多,一般采用使用取样电阻调节输出电流的方式。这些芯片使用方便,性能较好,但价格较贵。

方案二:采用 PWM 方式驱动功率三极管输出驱动电流,用电流取样电阻串入 LED 供电回路,用 AD 口读取当前的电流值,实现闭环控制。方案二利用了单片机的 AD 变换资源,同时采用 PWM 方式,可以使 LED 工作在断断续续的状态,延长 LED 的使用寿命。

本系统采用方案二。

6. 系统整体方案

系统框图如图 1-40 所示。

7. 系统功能说明

(1) 路灯的工作模式。

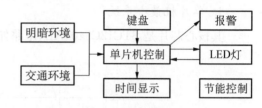

图 1-40 系统框图

本模拟路灯控制系统具备 5 种工作模式,分别是自动群控模式、自动分控模式、根据照度自动控制模式、根据交通情况自动控制模式、手动控制模式,下面对每种工作模式简单介绍如下:

① 自动群控模式。

在该模式下,支路控制器根据设定好的定时信息,自动地同时打开或者关闭两盏路灯。系统启动后默认进入该模式。

② 自动分控模式。

在该模式下,支路控制器根据设定好的定时信息,分别控制两盏路灯的开关。例如,当系统的时间和路灯 1 开灯的时间相等时,开启路灯 1;当系统的时间和路灯 2 开灯的时间相等时,开启路灯 2。

③ 根据照度自动控制模式。

在该模式下,当环境照度低于一定的值时,开启两盏路灯;当环境照度高于一定的值时,关闭两盏路灯。

④ 根据交通情况自动控制模式。

在该模式下,当可移动物体 M 由左到右到达 S 点时(如图 1-39),灯 1 亮;当物体 M 到达 B 点时,灯 1 灭,灯 2 亮;若物体 M 由右到左移动时,则亮灯的次序与上相反。

⑤ 手动控制模式。

在手动模式时,两盏路灯只能由支路控制器用增加和减少键手动地调整亮度,路灯的亮度可以在 0%~100%的范围内自由地上下调整,步进为 10%。

①~④等四种工作模式是互斥的,即在某一时刻只能具有其中的一种功能,不过各种模式可以手动地切换,手动调整路灯亮度的功能在这四种模式中都是有效的。

另外,该路灯控制系统还具备故障检测功能,当路灯出现无法正常工作的状况时,该控制系统能够判定是哪一环节出现问题,并将故障通过声音警报及数码管显示告知用户。

(2) 按键操作说明。

支路控制器具备 5 个按键,分别为时间调整键、模式选择键、增加键、减少键、确认键。

时间调整键:按时间调整键时,可以循环地选择系统时间、路灯 1 和 2 共同的开关灯时间、路灯 1 的开关灯时间和路灯 2 的开关灯时间。

模式选择键:按模式选择键可以进行系统工作模式的切换,顺序为自动群控模式→自动分控模式→根据照度自动控制模式→根据交通情况自动控制模式→手动控制模式。

增加、减少键:按这两个键可以对时间或者亮度进行增减,长按时,时间或者亮度可以连续变换。确认键:确认键只在时间调整时有效,分别确认小时、分钟、秒的输入。

四、单元电路设计

1. 单片机最小系统

其核心芯片是STC12C5404AD,电路如图1－41所示。

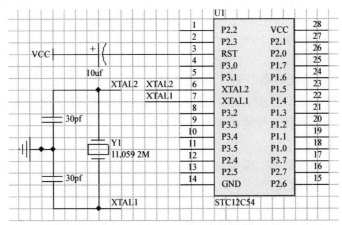

图1－41 单片机最小系统

2. 输入与输出

(1) 键盘采用AD变换,输入口为键盘输入口,节省了IO口资源,电路如图1－42所示。

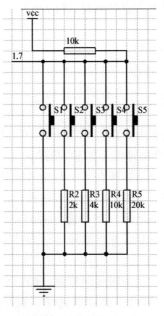

图1－42 键盘电路图

（2）LED 显示电路如图 1 - 43 所示。

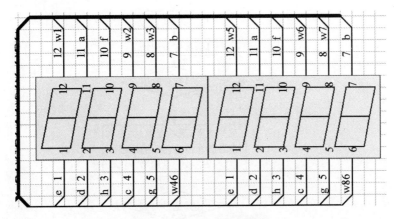

图 1 - 43　LED 显示电路图

3. 软件设计

软件采用 C 语言编写，可移植性和可读性强。

软件编写体现了模块化的任务驱动方式。代码尽量符合变量定义规范。

（1）系统程序流程图如图 1 - 44 所示。

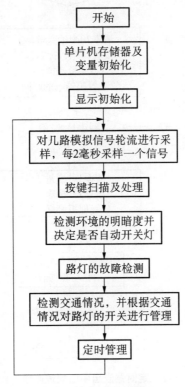

图 1 - 44　系统流程图

（2）定时器溢出中断处理函数流程图如图 1－45 所示。

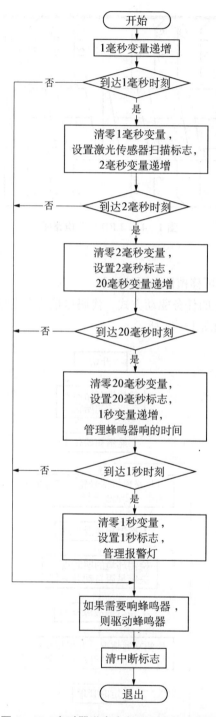

图 1－45　定时器溢出中断处理函数流程图

（3）按键扫描程序流程图如图 1 - 46 所示。

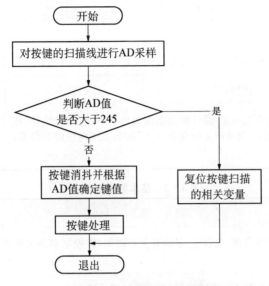

图 1 - 46 按键扫描流程图

五、系统测试

（1）测试仪器：流明计、数字示波器、功率计、万用表、直流电源等。

（2）指标测试各部分测试的指标见表 1 - 3 至表 1 - 7。

表 1 - 3 功率测试表

设置功率/W	路灯两端电压/V	路灯电流/A	实际功率/W	误差/%
0.2	5.58	0.036	0.201	0.4
0.3	5.71	0.053	0.303	0.9
0.4	5.81	0.068	0.395	1.2
0.5	5.91	0.084	0.496	0.7
0.6	6.02	0.101	0.608	1.3
0.7	6.06	0.115	0.697	0.4
0.8	6.09	0.132	0.804	0.5
0.9	6.12	0.147	0.900	0.0
1	6.17	0.163	1.006	0.6

表 1-4　功能测试表

序号	指标(目标值)	实测值
1	故障指示(编号)	LCD 上显示正确
2	过中点后前灯亮后灯灭,试验成功率(100%)	100%
3	自动开关灯功能,试验成功率	100%
4	单元控制器具有调光功能,路灯驱动电源输出功率能在规定时间按设定要求自动减小,该功率应能在 20%～100% 范围内设定并调节,调节误差≤2%	电流从 0 mA 至 850 mA 变化平缓稳定

表 1-5　基本要求完成表

序号	功　　能	是否实现
1	支路控制器有时钟功能,能设定、显示开关灯时间,并控制整条支路按时开灯和关灯	是
2	支路控制器应能根据环境明暗变化,自动开灯和关灯	是
3	支路控制器应能根据交通情况自动调节亮灯状态:当可移动物体 M(在物体前端标出定位点,由定位点确定物体位置)由左至右到达 S 点时,灯 1 亮;当物体 M 到达 B 点时,灯 1 灭,灯 2 亮;若物体 M 由右至左移动时,则亮灯次序与上相反	是
4	支路控制器能分别独立控制每只路灯的开灯和关灯时间	是
5	当路灯出现故障时(灯不亮),支路控制器应发出声光报警信号,并显示有故障路灯的地址编号	是

表 1-6　发挥部分完成表

序号	功能	是否实现
1	自制单元控制器中的 LED 灯恒流驱动电源	是
2	单元控制器具有调光功能,路灯驱动电源输出功率能在规定时间按设定要求自动减小,该功率应能在 20%～100% 范围内设定并调节,调节误差≤2%	是

表 1-7　特色功能完成表

序号	功　　能	是否实现
1	自制微型红外光发射与光敏电阻组合替代工业光电传感器	是
2	利用单片机的 AD 变换功能,实现用一个 IO 口读多个按键	是
3	使用单片机内部的定时器代替时钟芯片,实现时钟功能和定时开关机功能	是
4	采用 PWM 与电流取样方式,实现闭环的恒流源控制	是

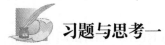 习题与思考一

1.1 晶闸管的导通条件是什么？导通后流过晶闸管的电流和负载上的电压由什么决定？

1.2 晶闸管的关断条件是什么？如何实现？晶闸管处于阻断状态时其两端的电压大小由什么决定？

1.3 温度升高时，晶闸管的触发电流、正反向漏电流、维持电流以及正向转折电压和反向击穿电压如何变化？

1.4 晶闸管的非正常导通方式有哪几种？

1.5 请简述晶闸管的关断时间定义。

1.6 试说明晶闸管有哪些派生器件？

1.7 请简述光控晶闸管的有关特征。

1.8 型号为 KP100 - 3，维持电流 $I_H = 4\ mA$ 的晶闸管，使用图题 1.8 所示的电路是否合理，为什么？（暂不考虑电压电流裕量）

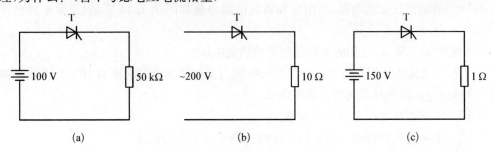

图题 **1.8**

1.9 图题 1.9 中实线部分表示流过晶闸管的电流波形，其最大值均为 I_m，试计算各图的电流平均值、电流有效值和波形系数。

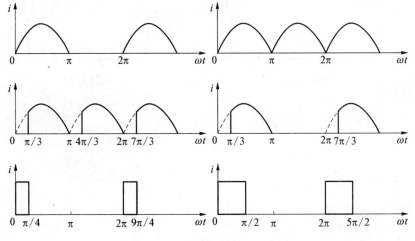

图题 **1.9**

1.10 上题中,如不考虑安全裕量,问额定电流 100 A 的晶闸管允许流过的平均电流分别是多少?

1.11 某晶闸管型号规格为 KP200 – 8D,试问型号规格代表什么意义?

1.12 如图题 1.12 所示,试画出负载 R_d 上的电压波形(不考虑管子的导通压降)。

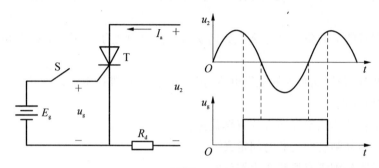

图题 1.12

1.13 在图题 1.13 中,若要使用单次脉冲触发晶闸管 T 导通,门极触发信号(触发电压为脉冲)的宽度最小应为多少微秒(设晶闸管的擎住电流 $I_L = 15$ mA)?

1.14 单相正弦交流电源,晶闸管和负载电阻串联如图题 1.14 所示,交流电源电压有效值为 220 V。

(1) 考虑安全裕量,应如何选取晶闸管的额定电压?

(2) 若当电流的波形系数为 $K_f = 2.22$ 时,通过晶闸管的有效电流为 100 A,考虑晶闸管的安全裕量,应如何选择晶闸管的额定电流?

1.15 上网查阅常用晶闸管的参数。

1.16 上网查阅混合动力电动汽车中电力电子技术应用综述。

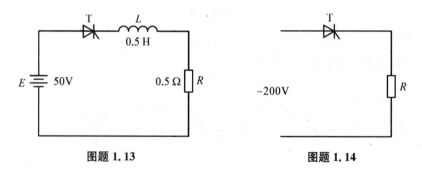

图题 1.13　　　　　　　　　　　　　**图题 1.14**

项目二　直流调速装置

项目描述

可控整流电路的应用是电力电子技术中应用最为广泛的一种技术。本项目将以直流调速装置为例,让大家了解单相桥式可控整流电路和有源逆变电路在直流调速装置中的应用。

内圆磨床主要用于磨削圆柱孔和小于 $60°$ 的圆锥孔,内圆磨床主轴电动机采用晶闸管单相桥式半控整流电路供电的直流电动机调速装置。图 2-1(a)为常见内圆磨床外形图,图 2-1(b)为内圆磨床主轴电动机直流调速装置电气线路图。

如图 2-1(b)所示,内圆磨床主轴电动机直流调速装置的主电路采用晶闸管单相桥式半控整流电路,控制回路则采用了结构简单的单结晶体管触发电路。单结晶体管触发电路在项目一中已详细介绍,下面具体分析与该电路有关的知识:单相桥式全控整流电路和单相桥式半控整流电路。另外补充分析集成触发电路和逆变电路。

(a) 内圆磨床外形图

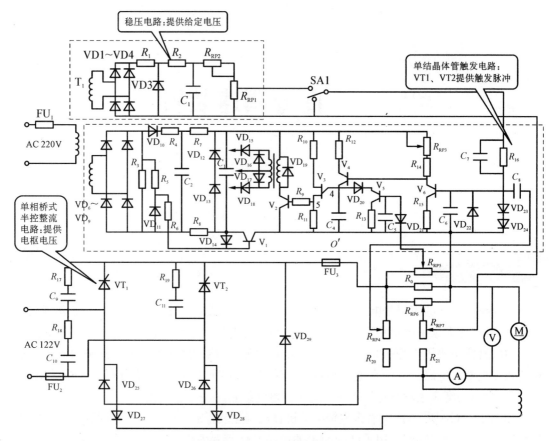

(b) 内圆床主轴电动机直流调整装置电气线路图

图 2-1 内圆磨床外形图及电气线路图

任务一 单相桥式全控整流电路

一、任务描述与目标

单相半波可控整流电路线路简单,但负载电流脉动大,在同样的直流电流时,要求晶闸管额定电流、导线截面以及变压器和电源容量增大。如不用电源变压器,则交流回路中有直流电流流过,引起电网额外的损耗、波形畸变;如果采用变压器,则变压器次级线圈中存在直流电流分量,造成铁芯直流磁化。为了使变压器不饱和,必须增大铁芯截面,所以单相半波电路只适用于小容量、装置体积要求小、重量轻等技术要求不高的场合。为了克服这些缺点,可采用单相桥式全控整流电路。本次任务的目标如下。

(1) 会分析单相桥式全控整流电路的工作原理;

(2) 能安装和调试单相桥式全控整流电路;

（3）能根据测试波形或相关点电压电流值对电路工作情况进行分析；

（4）在电路安装与调试的过程中，培养职业素养；

（5）在小组实施项目过程中培养团队合作意识。

二、相关知识

（一）单相桥式全控整流电路结构

单相桥式全控整流电路是由整流变压器、负载和 4 只晶闸管组成，如图 2-2(a)所示。晶闸管 VT_1 和 VT_2 的阴极接在一起，称为共阴极接法；VT_3 和 VT_4 的阳极接在一起，称为共阳极接法。单相桥式整流电路输出的直流电压、电流脉冲程度比单相半波整流电路输出的直流电压、电流小，且可以改善变压器存在的直流磁化现象。

（二）单相桥式全控整流电路分析

（1）电阻性负载电路分析。

单相桥式整流电路带电阻性负载，$\alpha=30°$ 时的工作波形如图 2-2(b)所示。

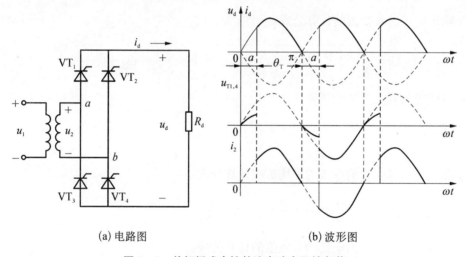

(a) 电路图　　　　　　　　　(b) 波形图

图 2-2 单相桥式全控整流电路电阻性负载

晶闸管 VT_1 和 VT_3 为一组桥臂，而 VT_2 和 VT_4 组成另一组桥臂。在交流电源的正半周区间，即 a 端为正，b 端为负，VT_1 和 VT_4 会承受正向阳极电压，在相当于控制角 $\alpha=30°$ 的时刻给 VT_1 和 VT_4 同时加脉冲，则 VT_1 和 VT_4 会导通。此时，电流 i_d 从电源 a 端经 VT_1、负载 R_d 及 VT_4 回电源 b 端，负载上得到电压 u_d 为电源电压 u_2（忽略了 VT1 和 VT4 的导通电压降），方向为上正下负，VT_2 和 VT_3 则因为 VT_1 和 VT_4 的导通而承受反向的电源电压 u_2，不会导通。因为是电阻性负载，所以电流 i_d 也跟随电压的变化而变化。当电源电压 u_2 过零时，电流 i_d 也降低为零，即两只晶闸管的阳极电流降低为零，故 VT_1 和 VT_4 会因电流小于维持电流而关断。

在交流电源的负半周区间，即 a 端为负，b 端为正，晶闸管 VT_2 和 VT_3 会承受正向阳极电压,在相当于控制角 α 的时刻给 VT_2 和 VT_3 同时加脉冲,则 VT_2 和 VT_3 被触发导通。电流 i_d 从电源 b 端经 VT_2、负载 R_d 及 VT_3 回电源 a 端,负载上得到电压 u_d 仍为电源电压 u_2,方向也还为上正下负,与正半周一致。此时,VT_1 和 VT_4 则因为 VT_2 和 VT_3 的导通而承受反向的电源电压 u_2 而处于截止状态。直到电源电压负半周结束,电源电压 u_2 过零时,电流 i_d 也过零,使得 VT_2 和 VT_3 关断。下一周期重复上述过程。

从图中可看出,负载上的直流电压输出波形比单相半波时多了一倍,晶闸管的控制角可从 $0°\sim180°$,导通角 θ_T 为 $\pi-\alpha$。晶闸管承受的最大反向电压为 $\sqrt{2}u_2$,而其承受的最大正向电压为 $\sqrt{2}u_2/2$。

(2) 单相全控桥式整流电路带电阻性负载电路参数的计算:

① 输出电压平均值的计算公式:

$$U_d = \frac{1}{\pi}\int_a^\pi \sqrt{2}U_2 \sin\omega t\, d(\omega) = 0.9U_2 \frac{1+\cos\alpha}{2}$$

② 负载电流平均值的计算公式:

$$I_d = \frac{U_d}{R_d} = 0.9\frac{U_2}{R_d}\frac{1+\cos\alpha}{2}$$

③ 输出电压的有效值的计算公式:

$$U = \sqrt{\frac{1}{\pi}\int_a^\pi (\sqrt{2}U_2\sin\omega t)^2 d(\omega t)} = U_2\sqrt{\frac{1}{2\pi}\sin 2\alpha + \frac{\pi-\alpha}{\pi}}$$

④ 负载电流有效值的计算公式:

$$I = \frac{U_2}{R_d}\sqrt{\frac{1}{2\pi}\sin 2\alpha + \frac{\pi-\alpha}{\pi}}$$

⑤ 流过每只晶闸管的电流的平均值的计算公式:

$$I_{dT} = \frac{1}{2}I_d = 0.45\frac{U_2}{R_d}\frac{1+\cos\alpha}{2}$$

⑥ 流过每只晶闸管的电流的有效值的计算公式:

$$I_T = \sqrt{\frac{1}{2\pi}\int_a^\pi\left(\frac{\sqrt{2}U_2}{R_d}\sin\omega t\right)^2 d(\omega t)} = \frac{U_2}{R_d}\sqrt{\frac{1}{4\pi}\sin 2\alpha + \frac{\pi-\alpha}{2\pi}} = \frac{1}{\sqrt{2}}I$$

⑦ 晶闸管可能承受的最大电压为:

$$U_{TM} = \sqrt{2}U_2$$

(3) 电感性负载电路分析。

图 2-3 为单相桥式全控整流电路带电感性负载的电路。假设电路电感很大,输出电流连续,电路处于稳态。

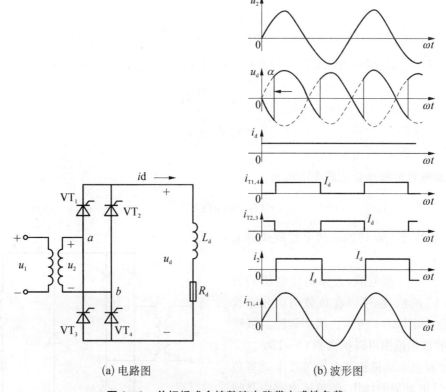

(a) 电路图　　　　　　　　　　　(b) 波形图

图 2-3　单相桥式全控整流电路带电感性负载

在电源 u_2 正半周时,在相当于 α 角的时刻给 VT_1 和 VT_4 同时加触发脉冲,则 VT_1 和 VT_4 会导通,输出电压为 $u_d=u_2$。至电源电压过零变负时,由于电感产生的自感电动势会使 VT1 和 VT_4 继续导通,而输出电压仍为 $u_d=u_2$,所以出现了负电压的输出。此时,可关断晶闸管 VT_2 和 VT_3,虽然已承受正向电压,但还没有触发脉冲,所以不会导通。直到在负半周相当于 α 角的时刻,给 VT_2 和 VT_3 同时加触发脉冲,则因 VT_2 的阳极电压比 VT_1 高,VT_3 的阴极电位比 VT_4 的低,故 VT_2 和 VT_3 被触发导通,分别替换了 VT_1 和 VT_4,而 VT_1 和 VT_4 将由于 VT_2 和 VT_3 的导通承受反压而关断,负载电流也改为经过 VT_2 和 VT_3 了。

由图 2-3(b) 的输出负载电压 u_d、负载电流 i_d 的波形可看出,与电阻性负载相比,u_d 的波形出现了负半周部分,i_d 的波形则是近似连续的一条直线,这是由于电感中的电流不能突变,电感起到了平波的作用,电感愈大,则电流愈平稳。

两组管子轮流导通,每只晶闸管的导通时间较电阻性负载时延长了,导通角 θ_T 变大,与 α 无关。

(4) 单相全控桥式整流电路带电感性负载电路参数的计算。

① 输出电压平均值的计算公式:

$$U_d = 0.9U_2\cos\alpha$$

在 $\alpha=0°$ 时,输出电压 U_d 最大,$U_{do}=0.9U_2$;至在 $\alpha=90°$ 时,输出电压 U_d 最小,等于零。因此,α 的移相范围是 $0°\sim90°$。

② 负载电流平均值的计算公式：

$$I_d = \frac{U_d}{R_d} = 0.9 \frac{U_2}{R_d} \cos\alpha$$

③ 流过一只晶闸管的电流的平均值和有效值的计算公式：

$$I_{dT} = \frac{1}{2} I_d$$

$$I_T = \frac{1}{\sqrt{2}} I_d$$

④ 晶闸管可能承受的最大电压为：

$$U_{TM} = \sqrt{2} U_2$$

（5）接续流二极管的单相全控桥式整流电路。

为了扩大移相范围，去掉输出电压的负值，提高 U_d 的值，也可以在负载两端并联续流二极管，如图 2-4 所示。接了续流二极管以后，α 的移相范围可以扩大到 $0° \sim 180°$。

对于直流电动机和蓄电池等反电动势负载，由于反电动势的作用，使整流电路中晶闸管导通的时间缩短，相应的负载电流出现断续，脉动程度高。为解决这一问题，往往在反电动势负载侧串接一平波电抗器，利用电感

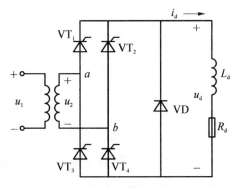

图 2-4　并接续流二极管的单相全控桥式整流电路

平稳电流的作用来减少负载电流的脉动并延长晶闸管的导通时间。只要电感足够大，电流就会连续，直流输出电压和电流就与电感性负载时一样。

例 2-1　单相桥式全控整流电路，大电感负载，交流侧电压有效值为 220 V，负载电阻 R_d 为 4Ω，计算当 $\alpha = 60°$ 时，直流输出电压平均值 U_d、输出电流平均值 I_d。若在负载两端并接续流二极管，其 U_d、I_d 又是多少？

解　不接续流二极管时，由于是大电感负载，故

$$U_d = 0.9 U_2 \cos\alpha = 0.9 \times 220 \times \cos 60° = 99 \text{V}$$

$$I_d = \frac{U_d}{R_d} = \frac{99}{4} \text{A} = 24.8 \text{A}$$

接续流二极管时

$$U_d = 0.9 U_2 \frac{1 + \cos\alpha}{2} = 0.9 \times 220 \times \frac{1 + 0.5}{2} = 148.5 \text{ V}$$

$$I_d = \frac{U_d}{R_d} = \frac{148.5}{4} \text{A} = 37.1 \text{ A}$$

$$I_{dT} = \frac{\pi - \alpha}{2\pi} I_d = \frac{180° - 60°}{360°} \times 37.1 = 12.4 \text{ A}$$

$$I_{\text{T}} = \sqrt{\frac{\pi - \alpha}{2\pi}}I_{\text{d}} = \sqrt{\frac{180° - 60°}{360°}} \times 37.1 = 21.4 \text{ A}$$

$$I_{\text{dVD}} = \frac{2\alpha}{2\pi}I_{\text{d}} = \frac{\alpha}{\pi}I_{\text{d}} = \frac{60°}{180°} \times 37.1 = 12.4 \text{ A}$$

$$I_{\text{VD}} = \sqrt{\frac{\alpha}{\pi}}I_{\text{d}} = \sqrt{\frac{60°}{180°}} \times 37.1 = 21.4 \text{ A}$$

任务二   锯齿波同步触发电路

一、任务描述与目标

对于大、中电流容量的晶闸管,由于电流容量增大,要求的触发功率就越大,为了保证其触发脉冲具有足够的功率,往往采用由晶体管组成的触发电路。同步电压为锯齿波的触发电路就是其中之一,该电路不受电网波动和波形畸变的影响,移相范围宽,应用广泛。

本次任务介绍锯齿波同步触发电路,任务目标如下。

(1) 能分析锯齿波同步触发电路的工作原理;

(2) 掌握锯齿波同步触发电路的调试方法;

(3) 掌握示波器等波形测量仪器的使用;

(4) 尝试掌握单片机控制脉冲电路的设计。

二、相关知识

(一) 锯齿波同步触发电路的组成

锯齿波同步移相触发电路由同步环节、锯齿波形成环节、移相控制环节、脉冲形成放大与输出环节组成,其原理图如图 2-5 所示。

同步环节由同步变压器、VT_3、VD_1、VD_2、C_1 等元件组成,其作用是利用同步电压 U_T 来控制锯齿波产生的时刻及锯齿波的宽度。

锯齿波形成环节是由 VD、VT_2 等元件组成的恒流源电路,当 VT_3 截止时,恒流源对 C_2 充电形成锯齿波;当 VT_3 导通时,电容 C_2 通过 R_4、VT_3 放电。调节电位器 R_{P1},可以调节恒流源的电流大小,从而改变锯齿波的斜率。

移相控制环节由控制电压 U_{ct}、偏移电压 U_{b} 和锯齿波电压在 VT_5 基极综合叠加构成,R_{P2}、R_{P3} 分别调节控制电压 U_{ct} 和偏移电压 U_{b} 的大小。

脉冲形成放大和输出环节由 VT_6、VT_7 构成,C_5 为强触发电容改善脉冲的前沿,由脉冲变压器输出触发脉冲。

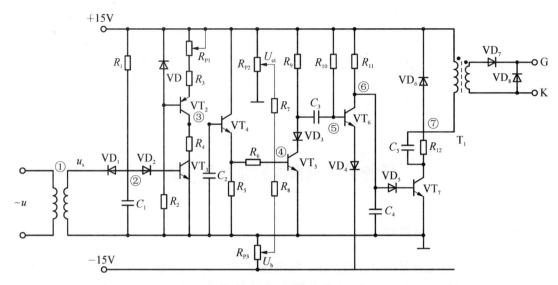

图 2-5   锯齿波同步触发电路

(二)锯齿波同步触发电路工作原理及波形分析

1. 同步环节

同步就是要求锯齿波的频率与主回路电源的频率相同。锯齿波同步电压是由起开关作用的 VT_3 控制的,VT_3 截止期间产生锯齿波,VT_3 截止持续的时间就是锯齿波的宽度,VT_3 开关的频率就是锯齿波的频率。要使触发脉冲与主电路电源同步,必须使 VT_3 开关的频率与主电路电源频率相同。在该电路中将同步变压器和整流变压器接在同一电源上,用同步变压器二次电压来控制 VT_3 的通断,这就保证了触发脉冲与主回路电源的同步。

同步环节工作原理如下:同步变压器二次电压间接加在 VT_3 的基极上,当二次电压为负半周的下降段时,VD_1 导通,电容 C_1 被迅速充电,②点为负电位,VT_3 截止。在二次电压负半周的上升段,电容 C_1 已充至负半周的最大值,VD_1 截止,$+15\ V$ 通过 R_1 给电容 C_1 反向充电,当②点电位上升至 $1.4\ V$ 时,VT_3 导通,②点电位被钳位在 $1.4\ V$。以上分析可见,VT_3 截止的时间长短与 C_1 反充电的时间常数 R_1C_1 有关,直到同步变压器二次电压的下一个负半周到来时,VD_1 重新导通,C_1 迅速放电后被充电,VT_3 又变为截止,如此周而复始。在一个正弦波周期内,VT_3 具有截止与导通两个状态,对应的锯齿波恰好是一个周期,与主电路电源频率完全一致,达到同步的目的。

2. 锯齿波形成环节

该环节由晶体管 VT_2 组成恒流源向电容 C_2 充电,晶体管 VT_3 作为同步开关控制恒流源对 C_2 的充、放电过程,晶体管 VT_4 为射极跟随器,起阻抗变换和前后级隔离作用,减小后级对锯齿波线性的影响。

工作原理如下:当 VT_3 截止时,由 VT_2 管、VD 稳压二极管、R_3、R_{P1} 组成的恒流源以恒流 I_{c1} 对 C_2 充电,C_2 两端电压 u_{c2} 为

$$u_{c2} = \frac{1}{C_2}\int I_{c1}\,\mathrm{d}t = \frac{I_{c1}}{C_2}t$$

u_{c2}随时间t线性增长。I_{c1}/C_2为充电斜率，调节R_{P1}可改变I_{c1}，从而调节锯齿波的斜率。当VT_3导通时，因R_4阻值很小，电容C_2经R_4、VT_3管迅速放电到零。所以只要VT_3管周期性关断、导通，电容C_2两端就能得到线性很好的锯齿波电压。为了减小锯齿波电压与控制电压U_c、偏移电压U_b之间的影响，锯齿波电压u_{c2}经射极跟随器输出。

3. 脉冲移相环节

锯齿波电压U_{e4}与U_c、U_b进行并联叠加，它们分别通过R_6、R_7、R_8与VT_5的基极相接。根据叠加原理，分析VT_4管基极电位时，可看成锯齿波电压U_{e4}、控制电压U_c(正值)和偏移电压U_b(负值)三者单独作用的叠加。当三者合成电压U_{b5}为负时，VT_5管截止；合成电压U_{b5}由负过零变正时，V_5由截止转为饱和导通，U_{b5}被钳位到0.7 V。

电路工作时，一般将负偏移电压U_b调整到某值固定，改变控制电压U_c就可以改变U_{b5}的波形与横坐标(时间)的交点，也就改变了V_5转为导通的时刻，即改变了触发脉冲产生的时刻，达到移相的目的。设置负偏移电压U_b的目的是为了使U_c为正，实现从小到大单极性调节。通常设置$U_c=0$时对应整流电压输出电压为零时的α角，作为触发脉冲的初始位置，随着U_c的调大，α角减小，输出电压增加。

4. 脉冲形成放大与输出环节

脉冲形成放大与输出环节由晶体管VT_5、VT_6、VT_7组成，同步移相电压加在晶体管VT_5的基极，触发脉冲由脉冲变压器二次侧输出。

工作原理如下：当VT_5的基极电位$U_{b5}<0.7$ V时，VT_5截止，V_6经R_{10}提供足够的基极电流使之饱和导通，因此⑥点电位为-14 V(二极管正向压降按0.7 V，晶体管饱和压降按0.3 V计算)，VT_7截止，脉冲变压器无电流流过，二次侧无触发脉冲输出。此时电容C_3充电，充电回路为：由电源$+15$ V端经$R_9\to V_6\to VD_4\to$电源-15 V端。C_3充电电压为28.4 V，极性为左正右负。

当$U_{b5}=0.7$ V时，VT_5导通，电容C_3左侧电位由$+15$ V迅速降低至1 V左右，由于电容C_3两端电压不能突变，使VT_6的基极电位⑤点跟着突降到-27.4 V，导致VT_6截止，它的集电极⑥点电位升至1.4 V，于是VT_7导通，脉冲变压器输出脉冲。与此同时，电容CT_3由15 V经R_{10}、VD_3、VT_5放电后又反向充电，使⑤点电位逐渐升高，当⑤点电位升到-13.6 V时，VT_6发射结正偏导通，使⑥点电位从1.4 V又降为-14 V，迫使VT_7截止，输出脉冲结束。

由以上分析可知，VT_5开始导通的瞬时是输出脉冲产生的时刻，也是VT_6转为截止的瞬时。VT_6截止的持续时间就是输出脉冲的宽度，脉冲宽度由C_3反向充电的时间常数($\tau_3 = C_3R_{10}$)来决定，输出窄脉冲时，脉宽通常为1 ms。

此外，R_{12}为VT_7的限流电阻；电容C_5用于改善输出脉冲的前沿陡度；VD_6可以防止VT_7截止时脉冲变压器一次侧的感应电动势与电源电压叠加造成VT_7击穿；VD_7、VD_8是为了保证输出脉冲只能正向加在晶闸管的门极和阴极两端。

锯齿波同步触发电路各点电压波形如图$2-6$所示。

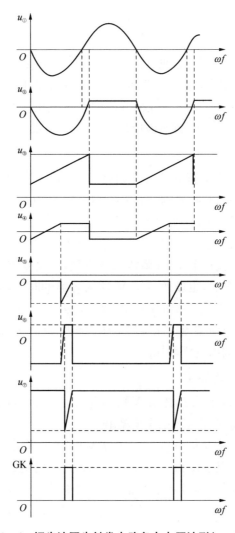

图 2-6 锯齿波同步触发电路各点电压波形($\alpha = 90°$)

任务三 西门子 TCA785 集成触发电路

一、任务描述与目标

TCA785 是德国西门子(Siemens)公司于 1988 年前后开发的第三代晶闸管单片移相触发集成电路,与其他芯片相比,具有温度适用范围宽、对过零点时识别更加可靠、输出脉冲的整齐度更好、移相范围更宽等优点。另外,由于它输出脉冲的宽度可手动自由调节,所以适用范围更广泛。

本次任务主要介绍 TCA785 以及 TCA785 集成移相触发电路,任务目标如下。

(1) 熟悉 TCA785 引脚的功能及用法;

(2) 了解 TCA785 的内部结构;

（3）会根据 TCA785 集成移相触发电路的工作原理调试触发电路。

二、相关知识

（一）西门子 TCA785 介绍

1. 西门子 TCA785 引脚介绍

TCA785 采用标准的双列直插式 16 引脚（DIP－16）封装，它的引脚排列如图 2-7 所示。

各引脚的名称、功能及用法如下。

引脚 16（V_S）：电源端。使用中直接接用户为该集成电路工作提供的工作电源正端。

引脚 1（O_S）：接地端。应用中与直流电源 V_S、同步电压 V_{SYNC} 及移相控制信号 V_{11} 的地端相连接。

引脚 4（$\overline{Q_1}$）和引脚 2（$\overline{Q_2}$）：输出脉冲 1 与 2 的非端。该两端可输出宽度变化的脉冲信号，其相位互差 180°，两路脉冲的宽度均受非脉冲宽度控制端引脚 13（L）的控制。它们的

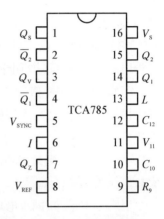

图 2-7　TCA785 引脚功能图

高电平最高幅值为电源电压 V_S，允许最大负载电流为 10 mA。若该两端输出脉冲在系统中不用时，电路自身结构允许其开路。

引脚 14（Q_1）和引脚 15（Q_2）：输出脉冲 1 和 2 端。该两端也可输出宽度变化的脉冲，相位同样互差 180°，脉冲宽度受它们的脉宽控制端（引脚 12）的控制。两路脉冲输出高电平的最高幅值为 V_S。

引脚 13（L）：非输出脉冲宽度控制端。该端允许施加电平的范围为－0.5 V～V_S，当该端接地时，Q_1、Q_2 为最宽脉冲输出，而当该端接电源电压 V_S 时，Q_1、Q_2 为最窄脉冲输出。

引脚 12（C_{12}）：输出 Q_1、Q_2 的脉宽控制端。应用中，通过一电容接地，电容 C_{12} 的电容量范围为 150～4 700 pF，当 C_{12} 在 150～1 000 pF 变化时，Q_1、Q_2 输出脉冲的宽度亦在变化，该两端输出窄脉冲的最窄宽度为 100 μs，而输出宽脉冲的最宽宽度为 2 000 μs。

引脚 11（V_{11}）：输出脉冲 $\overline{Q_1}$、$\overline{Q_2}$ 及 Q_1、Q_2 移相控制直流电压输入端。应用中，通过输入电阻接用户控制电路输出，当 TCA785 工作于 50 Hz，且自身工作电源电压 V_S 为 15 V 时，则该电阻的典型值为 15 kΩ，移相控制电压 V_{11} 的有效范围为（0.2～V_S- 2）V，当其在此范围内连续变化时，输出脉冲 $\overline{Q_1}$、$\overline{Q_2}$ 及 Q_1、Q_2 的相位便在整个移相范围内变化，其触发脉冲出现的时刻可通过外围器件调节。应用中引脚 11 通过 0.1 μF 的电容接地，通过 2.2 μF 的电容接正电源。

引脚 10（C_{10}）：外接锯齿波电容连接端。C_{10} 的使用范围为 500 pF～1 μF。该电容的最小充电电流为 10 μA，最大充电电流为 1 mA，它的大小受连接于引脚 9 的电阻 R_9 控制，C_{11} 两端锯齿波的最高峰值为 V_S- 2 V，其典型后沿下降时间为 80 μs。

引脚 9（R_9）：锯齿波电阻连接端。该端的电阻 R_9 决定着 C_{10} 的充电电流，连接于引脚 9

的电阻亦决定了引脚 10 锯齿波电压幅值的高低,电阻 R_9 的应用范围为 3~300 kΩ。

引脚 8(V_{REF}):TCA785 自身输出的高稳定基准电压端。该端负载能力为驱动 10 块 CMOS 集成电路。随着 TCA785 应用的工作电源电压 V_S 及其输出脉冲频率的不同,V_{REF} 的变化范围为 2.8~3.4 V,当 TCA785 应用的工作电源电压为 15 V,输出脉冲频率为 50 Hz 时,V_{REF} 的典型值为 3.1 V。如用户电路中不需要应用 V_{REF},则该端可以开路。

引脚 7(Q_Z)和引脚 3(Q_V):TCA785 输出的两个逻辑脉冲信号端。其高电平脉冲幅值最大为 V_S-2 V,高电平最大负载能力为 10 mA。Q_Z 为窄脉冲信号,它的频率为输出脉冲 $\overline{Q}_2$ 与 $\overline{Q}_1$ 或 Q_1 与 Q_2 的两倍,是 $\overline{Q}_1$ 与 $\overline{Q}_2$ 或 Q_1 与 Q_2 的或信号;Q_V 为宽脉冲信号,其宽度为移相控制角 $\varphi+180°$,它与 $\overline{Q}_2$、$\overline{Q}_1$ 或 Q_1、Q_2 同步,频率与 Q_1、Q_2 或与 $\overline{Q}_2$、$\overline{Q}_1$ 相同,这两个逻辑脉冲信号可用来提供给用户的控制电路作为同步信号或其他用途的信号,不用时该两端可开路。

引脚 6(I):脉冲信号禁止端。该端的作用是封锁输出脉冲,该端通常通过阻值 10 kΩ 的电阻接地或接正电源,允许施加的电压范围为 -0.5 V~V_S。当该端通过电阻接地或该端电压低于 2.5 V 时,则封锁功能起作用,输出脉冲被封锁;而该端通过电阻接正电源或该端电压高于 4 V 时,则封锁功能不起作用。该端允许低电平最大灌电流为 0.2 mA,高电平最大拉电流为 0.8 mA。

引脚 5(V_{SYNC}):同步电压输入端。应用中,需对地端接两个正、反向并联的限幅二极管。随着该端与同步电源之间所接电阻阻值的不同,同步电压可以取不同的值。当所接电阻为 200 kΩ 时,同步电压可直接取交流 220 V。

2. 西门子 TCA785 内部结构

TCA785 的内部结构框图如图 2-8 所示。TCA785 内部主要由过零检测电路、同步寄存器、锯齿波产生电路、基准电源电路、放电监视比较器、移相比较器、定时控制与脉冲控制电路、逻辑运算及功放电路组成。

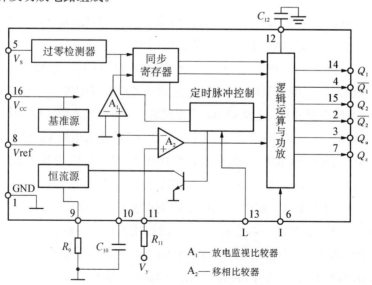

图 2-8 TCA785 的内部结构框图

　　TCA785 内部的同步寄存器和逻辑运算电路均由基准电源供电，基准电压的稳定性对整个电路的性能有很大影响，通过 8 脚可测量基准电压是否正常。

　　锯齿波产生电路主要由内部的恒流源、放电晶体管和外接的 R_9、C_{10} 等组成，恒流源的输出电流由电阻 R_9 决定，该电流对电容 C_{10} 充电。由于充电电流恒定，所以 C_{10} 两端可形成线性度极佳的锯齿波电压。定时控制电路输出脉冲到放电晶体管的基极，该输出脉冲为低电平时，放电管截止，恒流源对 C_{10} 充电。定时电路输出脉冲为高电平时，放电管导通，C_{10} 通过放电管放电。由于定时控制电路输出脉冲的频率为同步信号频率的两倍，所以同步信号经过半个周期，C_{10} 两端就产生一个锯齿波电压，波形如图 2-9 所示。

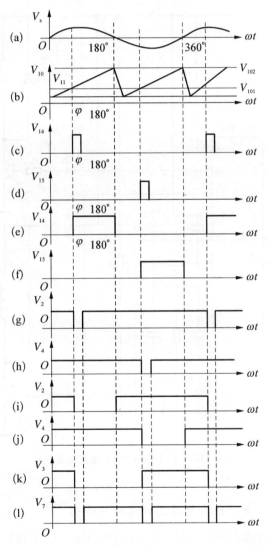

图 2-9　TCA785 主要引脚输入、输出电压波形图

（二）西门子 TCA785 集成触发电路

1. 西门子 TCA785 集成触发电路组成

西门子 TCA785 集成触发电路如图 2－10 所示。同步信号从 TCA785 集成触发器的第 5 脚输入，"过零检测"部分对同步电压信号进行检测，当检测到同步信号过零时，信号送"同步寄存器"，"同步寄存器"输出控制锯齿波发生电路。锯齿波的斜率大小由第 9 脚外接电阻和 10 脚外接电容决定；输出脉冲宽度由 12 脚外接电容的大小决定；14、15 脚输出对应负半周和正半周的触发脉冲，移相控制电压从 11 脚输入。

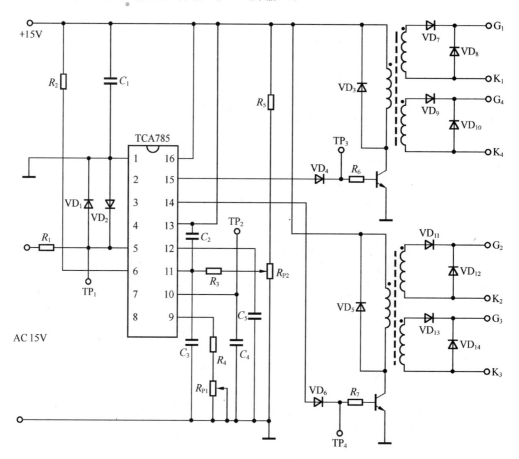

图 2－10　西门子 TCA785 集成触发电路

2. 西门子 TCA785 集成触发电路工作原理及波形

电位器 R_{P1} 调节锯齿波的斜率，电位器 R_{P2} 则调节输入的移相控制电压，调节晶闸管控制角。脉冲从 14、15 脚输出，输出的脉冲恰好互差 $180°$，各点波形如图 2－11 所示。

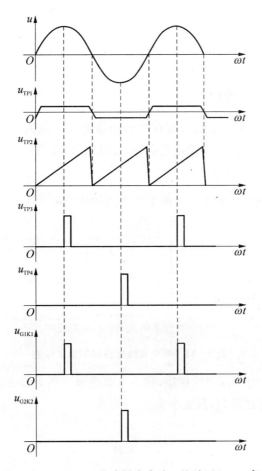

图 2 - 11　TCA785 集成触发电路工作波形($\alpha = 90°$)

任务四　有源逆变电路

一、任务描述与目标

生产实践中把直流电转变成交流电的过程称为逆变,实现逆变过程的电路称为逆变电路。一套电路既做整流又做逆变,称为变流器。将变流器的交流侧接到交流电网上,把直流侧的直流电源逆变为同频率的交流电反送到交流电网上,称为有源逆变。有源逆变常用于直流可逆调速、绕线式异步电动机串级调速以及高压直流输电等方面。本次任务的目标如下。

(1) 掌握有源逆变电路的工作原理;

(2) 掌握逆变电路的分析方法;

(3) 了解有源逆变电路的实际应用;

（4）在项目实施过程中，培养团队合作精神、强化安全意识和职业行为规范。

二、相关知识

（一）有源逆变的工作原理

整流与有源逆变的根本区别就表现在两者能量传送方向的不同。一个相控整流电路，只要满足一定条件，也可工作于有源逆变状态。这种装置称为变流装置或变流器。

1. 两个电源间的能量传递

如图 2-12 所示，我们来分析一下两个电源间的功率传递问题。

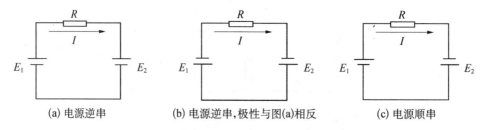

（a）电源逆串　　　　（b）电源逆串，极性与图(a)相反　　　　（c）电源顺串

图 2-12　两个直流电源间的功率传递

图 2-12(a) 为两个电源同极性连接，称为电源逆串。当 $E_1 > E_2$ 时，电流 I 从 E_1 正极流出，流入 E_2 正极，为顺时针方向，其大小为

$$I = \frac{E_1 - E_2}{R}$$

在这种连接情况下，电源 E_1 输出功率 $P_1 = E_1 I$，电源 E_2 则吸收功率 $P_2 = E_2 I$，电阻 R 上消耗的功率为 $P_R = P_1 - P_2 = RI^2$，P_R 为两电源功率之差。

图 2-12(b) 也是两电源同极性相连，但两电源的极性与 2-12(a) 图正好相反。当 $E_2 > E_1$ 时，电流仍为顺时针方向，但是从 E_2 正极流出，流入 E_1 正极，其大小为

$$I = \frac{E_2 - E_1}{R}$$

在这种连接情况下，电源 E_2 输出功率，而 E_1 吸收功率，电阻 R 仍然消耗两电源功率之差，即 $P_R = P_2 - P_1$。

图 2-12(c) 为两电源反极性连接，称为电源顺串。此时电流仍为顺时针方向，大小为

$$I = \frac{E_1 + E_2}{R}$$

此时电源 E_1 与 E_2 均输出功率，电阻上消耗的功率为两电源功率之和：$P_R = P_1 + P_2$。若回路电阻很小，则 I 很大，这种情况相当于两个电源间短路。

通过上述分析，我们知道：

（1）无论电源是顺串还是逆串，只要电流从电源正极端流出，则该电源就输出功率；反

之,若电流从电源正极端流入,则该电源就吸收功率。

(2)两个电源逆串连接时,回路电流从电动势高的电源正极流向电动势低的电源正极。如果回路电阻很小,即使两个电源电动势之差不大,也可产生足够大的回路电流,使两个电源间交换很大的功率。

(3)两个电源顺串时,相当于两个电源电动势相加后再通过 R 短路,若回路电阻 R 很小,则回路电流会非常大,这种情况在实际应用中应当避免。

2. 工作原理

在上述两个电源回路中,若用晶闸管变流装置的输出电压代替 E_1,用直流电机的反电动势代替 E_2,就成了晶闸管变流装置与直流电机负载之间进行能量交换的问题,如图 2-13 所示。

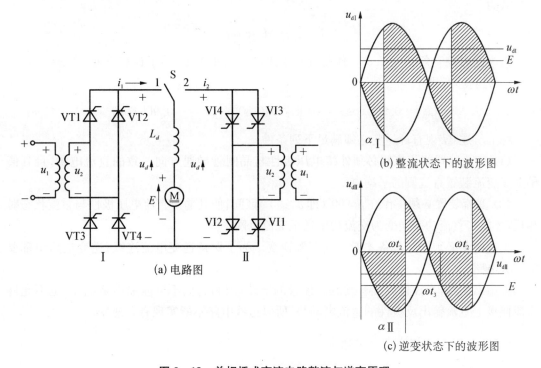

(a)电路图

(b)整流状态下的波形图

(c)逆变状态下的波形图

图 2-13 单相桥式变流电路整流与逆变原理

图 2-13(a)中有两组单相桥式变流装置,均可通过开关 S 与直流电动机负载相连。将开关拨向位置 1,且让 I 组晶闸管的控制角 $\alpha_1 < 90°$,则电路工作在整流状态,输出电压 U_{dI} 上正下负,波形如图 2-13(b)所示。此时,电动机做电动运行,电动机的反电动势 E 上正下负,并且通过调整 α 角使 $|U_{dI}| < |E|$,则交流电压通过 I 组晶闸管输出功率,电动机吸收功率。负载中电流 I_d 值为

$$I_d = \frac{U_{dI} - E}{R}$$

将开关 S 快速拨向位置 2,由于机械惯性,电动机转速不变,则电动机的反电动势 E 不变,且极性仍为上正下负。

此时,若仍按控制角 $\alpha_{II} < 90°$ 触发 II 组晶闸管,则输出电压 U_{dII} 上正下负,与 E 形成两电

源顺串连接。这种情况与图 2-12(c)所示相同,相当于短路事故,因此不允许出现。

若当开关 S 拨向位置 2 时,又同时触发脉冲控制角调整到 $\alpha_{\mathrm{II}}>90°$,则 II 组晶闸管输出电压将为上负下正,波形如图 2-13(c)所示。假设由于惯性原因电动机转速不变,反电动势不变,并且调整 α 角使 $|U_{\mathrm{dII}}|<|E|$,则晶闸管在 E 与 u_2 的作用下导通,负载中电流为

$$I_{\mathrm{d}} = \frac{E - U_{\mathrm{dII}}}{R}$$

这种情况下,电动机输出功率,运行于发电制动状态,II 组晶闸管吸收功率并将功率送回交流电网。这种情况就是有源逆变。

由以上分析及输出电压波形可以看出,逆变时的输出电压控制有的是与整流时相同,计算公式为

$$U_{\mathrm{d}} = 0.9U_2\cos\alpha$$

因为此时控制角 α 大于 90°,使得计算出来的结果小于零,为了计算方便,令 $\beta=180°-\alpha$,称 β 为逆变角,则

$$U_{\mathrm{d}} = 0.9U_2\cos\alpha = 0.9U_2\cos(180°-\beta) = -0.9U_2\cos\beta$$

综上所述,实现有源逆变必须满足下列条件:

(1) 变流装置的直流侧必须外接电压极性与晶闸管导通方向一致的直流电源,且其值稍大于变流装置直流侧的平均电压。

(2) 变流装置必须工作在 $\beta<90°$(即 $\alpha>90°$)区间,使其输出直流电压极性与整流状态时相反,才能将直流功率逆变为交流功率送至交流电网。

上述两条必须同时具备才能实现有源逆变。为了保持逆变电流连续,逆变电路中都要串接大电感。

要指出的是,半控桥或接有续流二极管的电路,因为它们不可能输出负电压,也不允许直流侧接上直流输出反极性的直流电动势,所以这些电路不能实现有源逆变。

(二)逆变失败与逆变角的限制

1. 逆变失败的原因

晶闸管变流装置工作有源逆变状态时,如果出现电压 U_{d} 与直流电动势 E 顺向串联,则直流电动势 E 通过晶闸管电路形成短路,由于逆变电路总电阻很小,必然形成很大的短路电流,造成事故,这种情况称为逆变失败,或称为逆变颠覆。

现以单相全控桥式逆变电路为例说明。在图 2-14 所示电路中,原本是 VS₂ 和 VS₃ 导通,输出电压 U_2';在换相时,应由 VS₂、VS₃ 换相为 VS₁ 和 VS₄ 导通,输出电压为 U_2。但由于逆变角 β 太小,小于换相重叠角 γ,因此在换相时,两组晶闸管会同时导通。而在换相重叠完成后,已过了自然换相点,使得 U_2' 为正,而 U_2 为负,VS₁ 和 VS₄ 因承受反压不能导通,VS₂ 和 VS₃ 则承受正压继续导通,输出 U_2'。这样就出现了逆变失败。

造成逆变失败的原因主要有以下几种情况:

① 触发电路故障。如触发脉冲丢失,脉冲延时,不能适时、准确地向晶闸管分配脉冲的

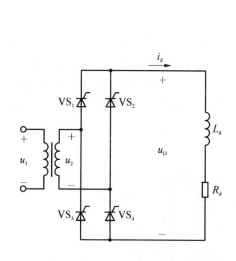

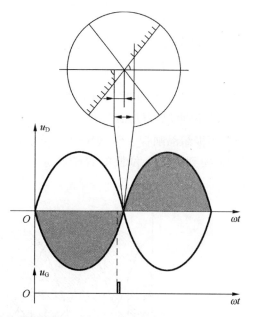

图 2-14　逆变换流失败

情况,均会导致晶闸管不能正常换相。

②晶闸管故障。如晶闸管失去正常导通或阻断能力,该导通时不能导通,该阻断时不能阻断,均会导致逆变失败。

③逆变状态时交流电源突然缺相或消失。由于此时变流器的交流侧失去了与直流电动势 E 极性相反的电压,致使直流电动势经过晶闸管形成短路。

④逆变角 β 取值过小,造成换相失败。因为电路存在大感性负载,会使欲导通的晶闸管不能瞬间导通,欲关断的晶闸管也不能瞬间完全关断,因此,就存在换相时两个管子同时导通的情况,这种在换相时两个晶闸管同时导通的所对应的电角度称为换相重叠角。逆变角可能小于换相重叠角,即 $\beta<\gamma$,则到了 $\beta=0°$ 时刻换流还未结束,此后使得该关断的晶闸管又承受正向电压而导通,尚未导通的晶闸管则在短暂的导通之后又受反压而关断,这相当于触发脉冲丢失,造成逆变失败。

2. 逆变失败的限制

为了防止逆变失败,应当合理选择晶闸管的参数,对其触发电路的可靠性、元件的质量以及过电流保护性能等都有比整流电路更高的要求。逆变角的最小值也应严格限制,不可过小。

(三) 三相全控桥有源逆变电路

图 2-15 所示为三相全控桥带电动机负载的电路。

当 $\alpha<90°$ 时,电路工作在整流状态,当 $\alpha>90°$ 时,电路工作在逆变状态。两种状态除 α 角的范围不同外,晶闸管的控制过程是一样的,即都要求每隔 $60°$ 依

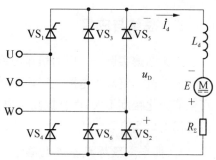

图 2-15　三相全控桥有源逆变电路

次轮流触发晶闸管使其导通120°,触发脉冲都必须是宽脉冲或双窄脉冲。逆变时输出直流电压的计算式为

$$U_d = U_{d0}\cos\alpha = -U_{d0}\cos\beta = -2.34U_2\cos\beta \quad (\alpha > 90°)$$

图2-16为$\beta=30°$时三相全控桥直流输出电压u_d的波形。共阴极组晶闸管VS_1、VS_3、VS_5分别在脉冲U_{G1}、U_{G3}、U_{G5}触发时换流,由阳极电位低的管子导通换到阳极电位高的管子导通;共阳极组晶闸管VS_2、VS_4、VS_6分别在脉冲U_{G2}、U_{G4}、U_{G6}触发时换流,由阴极电位高的管子导通换到阴极电位低的管子导通。晶闸管两端电压波形与三相半波有源逆变电路相同。

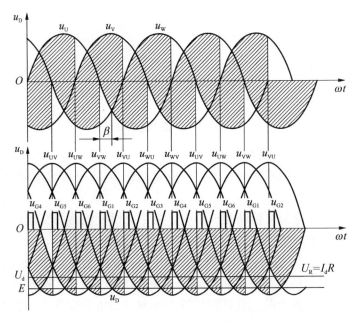

图2-16 $\beta=30°$时三相全控桥直流输出电压波形

分析晶闸管的换流过程。在VS_5、VS_6导通期间,发U_{G1}、U_{G6}脉冲,则VS_6继续导通,而VS_1在被触发之前,由于VS_5处于导通状态,已使其承受正向电压U_{UW},所以一旦触发,VS_1即可导通,若不考虑换相重叠的影响,当VS_1导通之后,VS_5就会因承受反向电压U_{UW}而关断,从而完成了从VS_5到VS_1的换流过程,其他管的换流过程可由此类推。

三、总结与应用

直流调速实例——电力机车电路

电力机车整流主电路是三段不等分整流桥,这种控制整流输出方式使得输出的直流电压数值变化幅度不大,而且提高了电路的功率因数,因此,在电力机车这种大功率直流负载的应用上更为有效。

1. 机车三段桥式整流电路

机车三段桥式整流电路如图2-17所示。

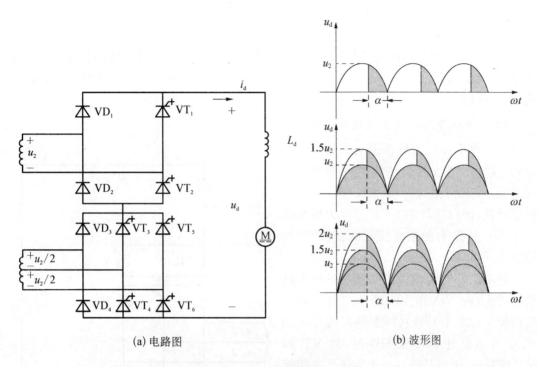

(a) 电路图　　　　　　　　　　　(b) 波形图

图 2-17　机车三段桥式整流电路

　　这个电路有两个变压器二次绕组,两个绕组的匝数是相同的。其中第二个绕组分成了等分的两段,则三个绕组的二次电压分别是 u_2、$u_2/2$、$u_2/2$。整流电路是由三个单相半控桥构成:第一个是由 VT_1、VT_2、VD_1 和 VD_2 构成;第二个是由 VT_3、VT_4、VD_3 和 VD_4 构成;第三个是由 VT_5、VT_6、VD_3 和 VD_4 构成。这三个单相半控桥在触发电路的作用下,分别进行三段整流输出,具体的控制过程的输出如下分析:

　　(1) 第一段:将 VT_3、VT_4、VT_5、VT_6 封锁,控制 VT_1、VT_2 导通,则 VT_1、VT_2、VD_1 和 VD_2 四个管子工作,VD_3 和 VD_4 流通电路,即第一段桥工作。将控制角 α 从 $180°$ 向 $0°$ 调节,则输出电压从零开始增加,输出电压波形如图 2-17(b)所示。输出电压为 $U_d = 0.9U_2\cos\alpha$,当第一段桥满开放时,输出电压 $U_{d1} = 0.9U_2$。

　　(2) 第二段:当第一段桥满开放时,保持 VT_1、VT_2 全开放,此时这两个管子相当于二极管。然后触发导通 VT_3、VT_4,继续封锁 VT_5、VT_6。此时第二段桥(VT_3、VT_4、VD_3、VD_4)开放,从 $180°$ 向 $0°$ 调节 VT_3、VT_4 的触发角 α,则输出电压与第一段桥满开放的输出电压叠加在一起,波形如图 2-17(b)所示。当第二段桥满开放时,输出电压为:

$$U_{d2} = 0.9U_2 + 0.9\left(\frac{U_2}{2}\right) = 1.35U_2$$

　　(3) 第三段:当第三段桥满开放时,保持 VT_3、VT_4 全开放,再触发导通 VT_5 和 VT_6,此时第三段桥(VT_5、VT_6、VD_3、VD_4)开放,输出电压与前两段输出电压叠加,输出波形如图 2-17(b)所示。当第三段桥满开放时,输出电压为:

$$U_{d2} = 0.9U_2 + 0.9\left(\frac{U_2}{2}\right) + 0.9\left(\frac{U_2}{2}\right) = 1.8U_2$$

如果将该电路全部输出直流电压看作 U_{d0}，则三段不等分桥在各段桥满开通时，输出电压分别为 $U_{d0}/2$、$3U_{d0}/4$、U_{d0}。通过这种控制方式，使得输出电压变化幅度不会太大，而且提高了功率因数。

2. 电力机车有源逆变主电路实例

如果将上述电力机车主电路的三段桥中的一段桥改为全控桥，则该电路可实现有源逆变。如国外进口的 8K 机车就是采用这种主电路，国内生产的 SS7E 型电力机车也是采用这种带有源逆变功能的变流装置。原理电路如图 2-18 所示。

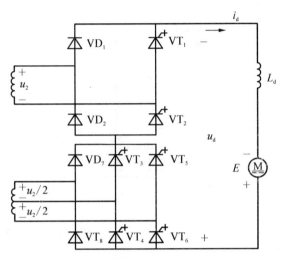

该电路是在前面可控整流三段桥电路的基础上，将 VD3 和 VD4 两个二极管改为 VT7 和 VT8 两个 GTO（可上网查阅相关知识）。在电路正常整流工作时，将 VT7 和 VT8 满开放，也就是将这两个管子作二极管满开放，电路的工作原理就与前面介绍的相同。当电路实现有源逆变时，将封锁 VT3、VT4、VT5 和 VT6，开放 VT1、VT2、VT7、

图 2-18 电力机车有源逆变三段桥电路

VT8 的全控桥来实现有源逆变，VD1 和 VD2 进行续流。此时牵引电机在惯性的作用下，通过不断调节控制角，使输出电压 U_d 总是小于反电动势 E，将反电动势 E 通过全控桥进行能量的逆变。

任务五　设计与制作

2011 年国赛赛题——智能小车（C 题）

一、赛题

甲车车头紧靠起点标志线，乙车车尾紧靠边界，甲、乙两辆小车同时起动，先后通过起点标志线，在行车道同向而行，实现两车交替超车领跑功能。跑道如图 2-19 所示。

1. 基本要求

(1) 甲车和乙车分别从起点标志线开始，在行车道各正常行驶一圈。

(2) 甲、乙两车按图 2-19 所示位置同时起动，乙车通过超车标志线后在超车区内实现

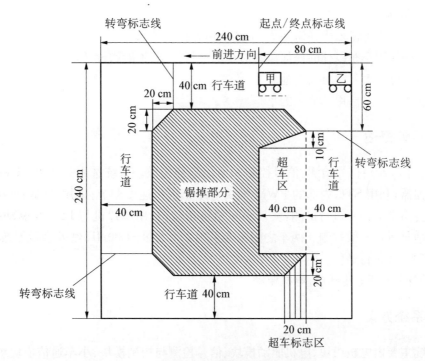

图 2 - 19　赛题参考图

超车功能,并先于甲车到达终点标志线,即第一圈实现乙车超过甲车。

(3) 甲、乙两车在完成(2)时的行驶时间要尽可能短。

2. 发挥部分

(1) 在完成基本要求(2)后,甲、乙两车继续行驶第二圈,要求甲车通过超车标志线后要实现超车功能,并先于乙车到达终点标志线,即第二圈完成甲车超过乙车,实现了交替领跑。甲、乙两车在第二圈行驶的时间要尽可能短。

(2) 甲、乙两车继续行驶第三圈和第四圈,并交替领跑;两车行驶的时间要尽可能短。

(3) 在完成上述功能后,重新设定甲车起始位置(在离起点标志线前进方向 40 cm 范围内任意设定),实现甲、乙两车四圈交替领跑功能,行驶时间要尽可能短。

3. 说明

(1) 赛车场地由 2 块细木工板(长 244 cm,宽 122 cm,厚度自选)拼接而成,C - 3 离地面高度不小于 6 cm(可将垫高物放在木工板下面,但不得外露)。板上边界线由约 2 cm 宽的黑胶带构成;虚线由宽度为 2 cm、长度为 10 cm、间隔为 10 cm 的黑胶带构成;起点/终点标志线、转弯标志线和超车标志区线段由 1 cm 宽黑胶带构成。

图 2 - 19 中斜线所画部分应锯掉。

(2) 车体(含附加物)的长度、宽度均不超过 40 cm,高度不限,采用电池供电,不能外接电源。

(3) 测试中甲、乙两车均应正常行驶,行车道与超车区的宽度只允许一辆车行驶,车辆只能在超车区进行超车(车辆先从行车道到达超车区,实现超车后必须返回行车道)。甲乙两车应有明显标记,便于区分。

(4) 甲乙两车不得发生任何碰撞,不能出边界掉到地面。

(5) 不得使用小车以外的任何设备对车辆进行控制,不能增设其他路标或标记。

(6) 测试过程中不得更换电池。

(7) 评测时不得借用其他队的小车。

二、设计概述

摘要: 本系统由信号检测、信号控制和通信部分构成。系统选用 STC12C5A60S2 单片机作为主控器,利用 STC 内部的 PWM 模块对小车进行速度调节;采用 TCRT5000 红外反射式光电传感器对信号进行检测,实现小车循迹功能;利用单片机与 L298N 驱动模块结合来对检测信号进行有效控制。两车之间主要采用 2 个 E18 - D80NK 红外避障传感器和无线模块 nRF24L01 进行通信。

关键词: 单片机;传感器;电机驱动

三、系统方案

本系统主要由电机模块、电机驱动模块、信号检测与控制模块、小车通信模块组成,如图 2 - 20 所示,下面分别论证这几个模块的选择。

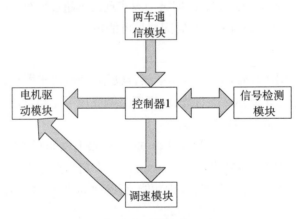

图 2 - 20　系统电路设计

1. 控制系统的论证与选择

方案一:采用周立功公司的 32 位单片机 EasyARM2131。该单片机 I/O 资源丰富,具有强大的存储空间,芯片内置 JTAG 电路,可在线仿真调试,但对编程要求较高,且价格较为昂贵。

方案二:采用 STC 公司的 STC12C5A60S2,内部含有 PCA 模块可对电机进行调速。此单片机价格低,资源多,高性价比,应用广泛,无论是内部构造,还是编程方面,51 系列单片机都相对简单,容易掌握和使用。

综合考虑采用方案二。

2. 调速模块的论证与选择

方案一：用单片机 STC12C5A60S2 内部的 PCA 模块进行 PWM 调速，调速准确，程序编写容易，控制方便。

方案二：采用 L9110 马达控制驱动芯片搭建硬件电路进行调速。

考虑到控制的灵活性，采用方案一。

3. 电机驱动的论证与选择

方案一：采用大功率三极管、二极管、电阻电容等元件。采用上述元件搭建两个 H 桥，通过对各路信号放大来驱动电机，原理简单。但由于放大电路很难做到完全一致，当电机的功率较大时运行起来会不稳定，很难精确控制。

方案二：采用 L298N 驱动芯片。L298N 芯片是较常用的电机驱动芯片，该芯片有两个 TTL/CMOS 兼容电平的输入，具有良好的抗干扰性能，可用单片机的 I/O 口提供信号，电路简单、易用、稳定，具有较高的性价比。

综合以上两种方案，选择方案二。

4. 信号检测的论证与选择

方案一：TCRT5000 红外光电传感器是一款红外反射式光电开关。传感器由高发射功率红外光电二极管和高灵敏度光电晶体管组成，输出信号经施密特电路整形，稳定可靠，而且价格便宜。

方案二：RPR220 是一种一体化反射型光电探测器。其发射器是一个砷化镓红外发光二极管，而接收器是一个高灵敏度、硅平面光电三极管。优点：塑料透镜可以提高灵敏度；内置的可见光过滤器可以减小离散光的影响；体积小结构紧凑。缺点：价格较高，是方案一红外对管的 3 倍。

考虑到本题目需要大量的红外对管测试，价格较高，而且方案一已完全能满足题目要求，选择方案一。

5. 两车之间通信的论证与选择

方案一：采用 nRF24L01 模块。此模块可以实现数据的精确传输，应用起来比较方便，传输距离远，且其有空闲模式，大大地降低了模块的功耗。

方案二：HC－SR04 超声波测距模块。此模块检测准确，但价格较高，而且编程复杂。

综合考虑采用方案一。

四、系统理论分析与计算

1. 同时启动分析

启动前打开乙车电源，当按下甲车电源时，通过无线模块 nRF24L01 发送数据给乙车的数据接收模块，启动乙车的运行程序。

2. 信号检测的分析

(1) 信号(黑线)的检测

TCRT5000 红外对管发射出红外线,在非黑色区域发射红外线并被接收,与电压比较器 LM339 比较后得到高低电平输送给单片机,从电平的高低判断是否检测到黑线。

(2) 标志线的检测分析

小车需要识别标志线和边界线以控制小车的行走。因此,当循迹内环时,用右边的红外对管检测标志线并进行计数。当循迹外环时,用左边的红外对管检测标志线并进行计数。

3. 小车行走的分析

(1) 小车各自行走一圈

小车检测到起点标志线后左转一定角度,使小车左方红外管检测到内环内的黑线,循迹内环黑线行走,用右方红外对管检测标志线并计数,一旦超过超车标志线后,转而循迹外环,直至跑回到终点。

(2) 超车和避免追尾相撞的分析

避免追尾相撞:小车前方设置一红外避障传感器,小车后方设置一挡板,当两车接近到一定距离时,红外避障传感器检测到对方尾部的挡板,输送低电平通知单片机,由单片机控制 PWM 调制脉冲使小车减速。

超车:当甲车检测到超车标志后,转而循迹外环的同时,甲车减速。乙车与甲车保持红外避障传感器设置的距离,检测完超车标志后,转而循迹超车区内环的黑线,速度超过甲车并循迹黑线返回起点,而甲车循迹检测到转弯标志线后继续循迹外环返回原点。

五、电路设计

1. 电路的设计

(1) 系统总体框图如图 2-21 所示。

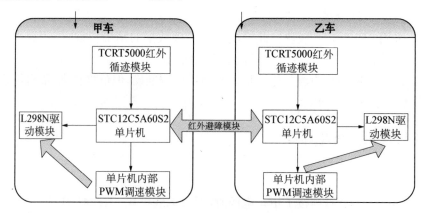

图 2-21　系统总体框图

（2）L298N 驱动模块子系统框图如图 2 - 22 所示。

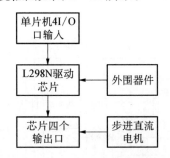

图 2 - 22　L298N 子系统框图

（3）L298N 子系统电路如图 2 - 23 所示。

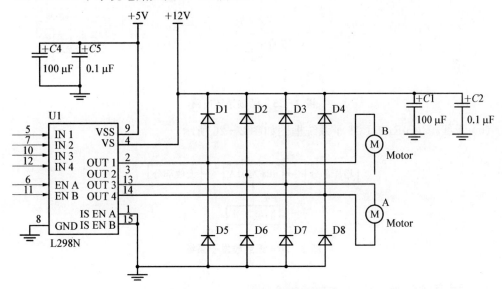

图 2 - 23　L298N 子系统电路

（4）TCRT5000 红外循迹子系统框图如图 2 - 24 所示。

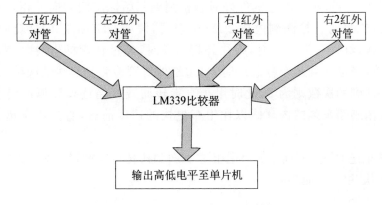

图 2 - 24　红外循迹子系统框图

（5）循迹系统电路如图 2-25 所示。

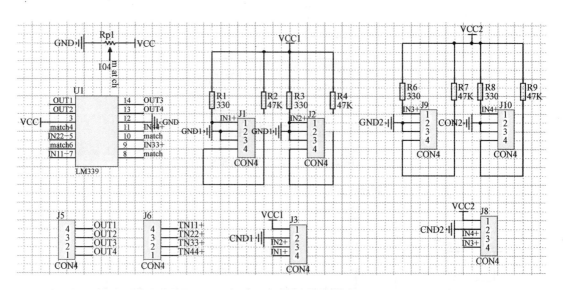

图 2-25　循迹系统电路

（6）无线模块 nRF24L01 子系统框图如图 2-26 所示。

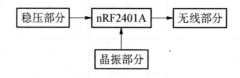

图 2-26　无线收发子系统

六、程序的设计

1. 程序设计思路

启动小车后直走,小车右边的红外对管检测到起始标志线后向左拐,在进入转弯标志线前左边的红外对管检测到内环 2CM 的黑线,假如左 1 和左 2 检测到黑线,则往里拐,进入行车区,红外对管有反射,则往外拐。同时,经过转弯标志线时,右边的红外对管检测并计数,当进入到超车标志线时,右边红外对管检测到黑线的次数为 4,检测完 5 条超车标志,计到的次数则为 8,此时甲车直走转而减速循迹外环返回终点,乙车则继续循迹内环,循迹超车区的内环线以比甲车更快的速度前进,直到乙车超车完毕,循迹内环返回起点。

为防止两车速度不一样而造成追尾相撞,红外避障传感器设置一安全距离,避免超车转弯时由于乙车快、甲车慢而相撞。

2. 主程序流程图(如图 2 - 27)

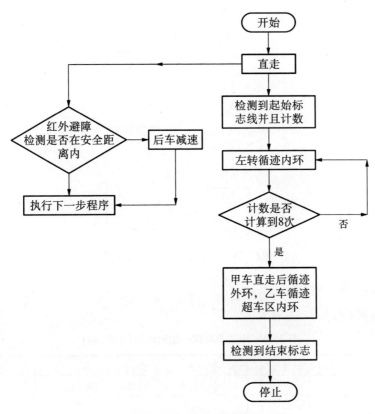

图 2 - 27 主程序流程图

3. 循迹内环检测子程序流程图(如图 2 - 28)

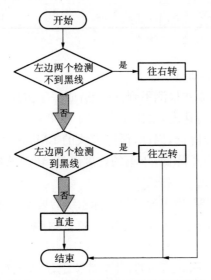

图 2 - 28 循迹内环检测子程序流程图

4. 循迹外环子程序流程图(如图2-29)

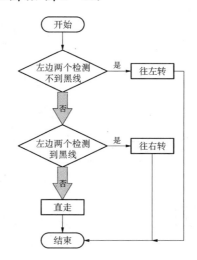

图2-29 循迹外环子程序流程图

七、测试结果

1. 测试结果(见表2-1和表2-2)

表2-1 甲乙小车跑一圈的时间(单位:秒)

次数	1	2	3	平均时间
甲车	18.2	17.8	18.5	18.167
乙车	18.6	18.7	19.2	18.834

表2-2 甲乙小车跑一圈并完成超车的时间(单位:秒)

次数	1	2	3	平均
两车同行	33.7	35.4	34.1	34.4

2. 测试分析与结论

根据上述测试数据,我们知道:

速度太快会导致检测标志线检测不到,就会造成程序错乱,不能完成,因此,在能检测到的情况下调到一个最大的可行速度,最快速度达到17.8 s。

当跑多圈时,电池的电压降低,因此,循迹模块的LM339芯片比较器的比较电压下降,红外循迹会出现错误,而且电压降低,小车的速度降低,转动的弯度也减少,因此,在一圈内完成超车,最短时间为33.7 s。

甲、乙两车继续行驶第二圈,甲车通过超车标志线后要实现超车功能,并先于乙车到达终点标志线,第二圈完成,甲车超过乙车,实现了交替领跑。甲、乙两车在第二圈行驶的时间35.4 s。

甲、乙两车继续行驶第三圈和第四圈,并交替领跑,两车行驶的时间为34 s~36 s。

重新设定甲车起始位置(在离起点标志线前进方向40 cm范围内任意设定),实现甲、乙两车四圈交替领跑功能。综上所述,本设计达到赛题要求。

习题与思考二

2.1　单相桥式全控整流电路中,若有一只晶闸管因过电流而烧成短路,结果会怎样? 若这只晶闸管烧成断路,结果又会怎样?

2.2　在单相桥式全控整流电路带大电感负载的情况下,突然输出电压平均值变得很小,且电路中各整流器件和熔断器都完好,试分析故障发生在何处?

2.3　单相桥式全控整流电路,大电感负载,交流侧电压有效值为 220 V,负载电阻 R_d 为 4 Ω,计算当 $\alpha=60°$时,直流输出电压平均值 U_d 和输出电流的平均值 I_d;若在负载两端并接续流二极管,其 U_d、I_d 又是多少? 此时流过晶闸管和续流二极管的电流平均值和有效值又是多少? 画出上述两种情形下的电压电流波形。

2.4　单相桥式全控整流电路带大电感负载时,它与单相桥式半控整流电路中的续流二极管的作用是否相同? 为什么?

2.5　有源逆变的工作原理是什么? 实现有源逆变的条件是什么? 变流装置有源逆变工作时,其直流侧为什么能出现负的直流电压?

2.6　单相半控桥能否实现有源逆变?

2.7　导致逆变失败的原因是什么? 有源逆变最小逆变角受哪些因素限制? 最小逆变角一般取为多少?

2.8　试举例说明有源逆变有哪些应用?

2.9　西门子 TCA785 集成触发电路的内部主要包括哪几部分?

项目三 **电风扇无级调速器**

项目描述

电风扇无级调速器在日常生活中随处可见。图3-1(a)是常见的电风扇无级调速器。旋动旋钮便可以调节电风扇的速度。图3-1(b)为电路原理图。

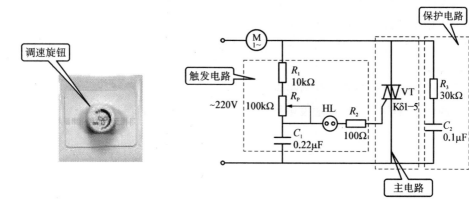

(a) 电风扇无级调速器　　　　　　(b) 电风扇无级调速器电路原理图

图3-1 电风扇无级调速器

如图3-1(b)所示,调速器电路由主电路和触发电路两部分构成,在双向晶闸管的两端并接RC元件,是利用电容两端电压瞬时不能突变作为晶闸管关断过电压的保护措施。本项目通过对主电路及触发电路的分析使学生能够理解调速器电路的工作原理,进而掌握分析交流调压电路的方法。部分电机通过三相可控电路调节电机转速。

任务一　双向晶闸管及其测试

一、任务描述与目标

双向晶闸管是由普通晶闸管派生出来的,只需一个触发电路,在交流电路中可以代替一组反并联的普通晶闸管。因其具有触发电路简单、工作性能可靠的优点,在交流调压、无触点交流开关、温度控制、灯光调节及交流电动机调速等领域中应用广泛,是一种比较理想的交流开关器件。本次任务的目标如下。

(1) 熟悉双向晶闸管的结构;

(2) 明白双向晶闸管型号的含义;

(3) 会判断器件的好坏并能说明原因;

(4) 掌握双向晶闸管的触发方式;

(5) 会根据电路要求选择双向晶闸管;

(6) 在小组实施项目过程中培养团队合作意识。

二、相关知识

(一) 双向晶闸管的结构及测试方法

1. 双向晶闸管的结构

双向晶闸管的外形与普通晶闸管类似,有塑封式、螺栓式、平板式,但其内部是一种 NPNPN 5 层结构的 3 端器件。它有 2 个主电极 T_1、T_2,1 个门极 G。常见的双向晶闸管外形及引脚排列如图 3-2 所示。

平板式

图 3-2　双向晶闸管的外形

双向晶闸管的内部结构、等效电路及图形符号如图 3-3 所示。

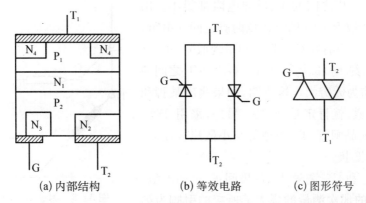

(a) 内部结构　　　　(b) 等效电路　　　　(c) 图形符号

图 3-3　双向晶闸管内部结构、等效电路及图形符号

由图 3-3 可见，双向晶闸管相当于两个晶闸管反并联（$P_1N_1P_2N_2$ 和 $P_2N_1P_1N_4$），不过它只有一个门极 G，由于 N_3 区的存在，使得门极 G 相对于 T_1 端，无论是正的或是负的脉冲，都能触发，而且 T_1 相对于 T_2 既可以是正，也可以是负。

常见的双向晶闸管引脚排列如图 3-4 所示。

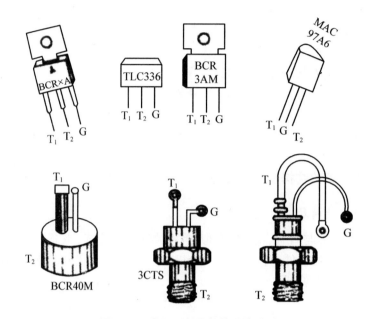

图 3-4　常见双向晶闸管引脚排列

2. 双向晶闸管测试方法

（1）双向晶闸管电极的判定。

一般可先从元器件外形识别引脚排列，引脚排列如图 3-4 所示。多数的小型塑封双向晶闸管，面对印字面，引脚朝下，则从左向右的排列顺序依次为主电极 T_1、主电极 T_2、控制极（门极）。但是也有例外，所以有疑问时应通过检测做出判别。

① 确定第二阳极 T_2。G 极与 T_1 极靠近，距 T_2 极较远。因此，G-T_1 之间的正、反向电阻都很小。用万用表 $R×1$ 挡或 $R×10$ 挡测任意两脚之间的电阻，如图 3-5 所示。只有在 G-T_1 之间呈现低阻，正、反向电阻都很小（约 100 欧姆），而 T_2-G、T_2-T_1 之间的正、反向电阻均为无穷大。这表明，如果测出某脚和其他两脚都不通，就肯定是 T_2 极。另外，采用 TO-220 封装的双向晶闸管，T2 极通常与小散热板连通，据此亦可确定 T_2 极。

② 区分 T_1 和 G。测量 T_1、G 极间正、反向电阻，读数相对较小的那次测量的黑表笔所接的引脚为第一阳极 T_1，红表笔所接引脚为控制极 G。

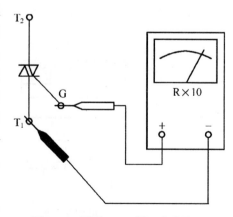

图 3-5　测量 G、T_1 间正向电阻

（2）双向晶闸管的好坏测试。

① 将万用表置于 $R×100$ 挡或 $R×1 k$ 挡，测量双向晶闸管的 T_1、T_2 之间的正、反向电阻应近似无穷大，测量 T_1 与 G 之间的正、反向电阻也应近似无穷大。如果测得的电阻都很小，则说明被测双向晶闸管的极间已击穿或漏电短路，性能不良，不宜使用。

② 将万用表置于 $R×1$ 挡或 $R×10$ 挡，测量双向晶闸管 T_1 与 G 之间的正、反向电阻，若读数在几十欧至一百欧之间，则为正常，且测量 G、T_1 间正向电阻（如图 3-5 所示）时的读数要比反向电阻稍微小一些。如果测得 G、T_1 间的正、反向电阻均为无穷大，则说明被测晶闸管已开路损坏。

（二）双向晶闸管的特性与参数

1. 双向晶闸管的特性

双向晶闸管有正反向对称的伏安特性曲线。正向部分位于第一象限，反向部分位于第三象限，如图 3-6 所示。

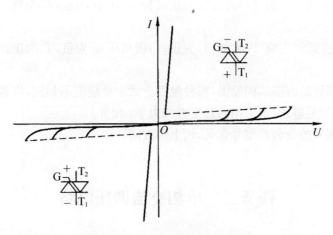

图 3-6 双向晶闸管伏安特性

从曲线中可以看出，第一和第三象限内具有基本相同的转换性能。双向晶闸管工作时，它的 T_1 和 T_2 间加正（负）压，若门极无电压，只要 T_1 和 T_2 间电压低于转折电压，它就不会导通，处于阻断状态。若门极加一定的正（负）压，则双向晶闸管在 T_1 和 T_2 间电压小于转折电压时被门极触发导通。

2. 双向晶闸管的主要参数

双向晶闸管的主要参数中只有额定电流与普通晶闸管有所不同，其他参数定义相似。由于双向晶闸管工作在交流电路中，正反向电流都可以流过，所以它的额定电流不用平均值而是用有效值来表示。定义为：在标准散热条件下，当器件的单向导通角大于 $170°$，允许流过器件的最大交流正弦电流的有效值用 $I_{T(RMS)}$ 表示。

双向晶闸管额定电流与普通晶闸管额定电流之间的换算关系式为

$$I_{T(AV)} = \frac{\sqrt{2}}{\pi} I_{T(RMS)} = 0.45 I_{T(RMS)}$$

以此推算,一个 100 A 的双向晶闸管与两个反并联 45 A 的普通晶闸管电流容量相等。

国产双向晶闸管用 KS 表示。如型号 KS50 - 10 - 21 表示额定电流 50 A,额定电压 10 级(1 000 V)断态电压临界上升率 du/dt 为 2 级(不小于 200 V/μs),换向电流临界下降率 di/dt 为 1 级(不小于 1‰$I_{T(RMS)}$)的双向晶闸管。有关 KS 型双向晶闸管的主要参数和分级的规定可自行网上查阅。

(三)双向晶闸管的触发方式

双向晶闸管正反两个方向都能导通,门极加正负电压都能触发。主电压与触发电压相互配合,可以得到四种触发方式:

(1)I$_+$ 触发方式　主极 T$_1$ 为正,T$_2$ 为负;门极电压 G 为正,T$_2$ 为负。特性曲线在第一象限。

(2)I$_-$ 触发方式　主极 T$_1$ 为正,T$_2$ 为负;门极电压 G 为负,T$_2$ 为正。特性曲线在第一象限。

(3)III$_+$ 触发方式　主极 T$_1$ 为负,T$_2$ 为正;门极电压 G 为正,T$_2$ 为负。特性曲线在第三象限。

(4)III$_-$ 触发方式　主极 T$_1$ 为负,T$_2$ 为正;门极电压 G 为负,T$_2$ 为正。特性曲线在第三象限。

由于双向晶闸管的内部结构原因,四种触发方式中灵敏度不相同,以III＋触发方式灵敏度最低,使用时要尽量避开,常采用的触发方式为 I$_+$ 和III$_-$。

有关双向晶闸管的命名及型号含义,请上网查阅。

任务二　单相交流调压电路

一、任务描述与目标

交流调压是将幅值固定的交流电能转化为同频率的幅值可调的交流电能。交流调压电路广泛应用于灯光控制、工业加热、感应电机调速以及电解电镀的交流侧调压等场合。本次任务介绍双向晶闸管的触发电路及单相交流调压电路,任务的目标如下。

(1)会分析双向晶闸管的触发电路工作原理;

(2)能调试双向晶闸管触发电路;

(3)能安装和调试单相交流调压电路;

(4)会分析单相交流调压电路工作原理;

(5)能根据测试的波形或相关点的电压电流值对电路工作情况进行判断和分析;

(6)在电路安装与调试过程中,培养职业素养。

二、相关知识

（一）双向晶闸管触发电路

1. 简易的触发电路

图 3-7 就是电风扇无级调速电路图，双向晶闸管简易触发电路。接通电源后，电容 C_1 充电，当电容 C_1 两端电压的峰值达到氖管 HL 的阻断电压时，HL 亮，双向晶闸管 VT 被触发导通，电扇转动。改变电位器 R_P 的大小，即改变了 C_1 的充电时间常数，使 VT 的导通角发生变化，也就改变了电动机两端的电压，因此，电扇的转速改变。由于 R_P 是无级变化的，因此，电扇的转速也是无级变化的。

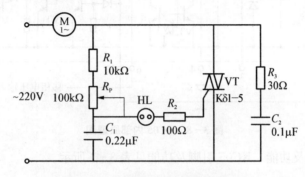

图 3-7　双向晶闸管的简易触发电路

2. 集成触发器组成的触发电路

KC 系列中的 KC05 和 KC06 专门用于双向晶闸管或两只反向并联晶闸管组成的交流调压电路，具有失交保护、输出电流大等优点，是交流调压的理想触发电路。它们的不同是 KC06 具有自生直流电源，这里介绍 KC05 触发器。

（1）KC05 内部原理图。KC05 内部原理图如图 3-8 所示。"15"、"16"端为同步电压输入端，"16"端同时是＋15 V 电源输入端。VT_1、VT_2 组成的同步检测电路，当同步电压过零时，VT_1、VT_2 截止，从而使 VT_3、VT_4、VT_5 导通，电源通过 VT_5 对外接的电容 C_1 充电至 8 V 左右。同步过零结束后，VT_1、VT_2 导通，VT_3、VT_5 恢复截止，C_1 电容由 VT_6 恒流放电，形成线性下降的锯齿波。锯齿波下降的斜率由"5"端的外接的锯齿波斜率电位器 R_{W1} 调节。

锯齿波送至 VT_8 与"6"端，引入 VT_9 的移相控制电压进行比较放大，经 VT_{10}、VT_{11} 以及外接 R、C 微分，在 VT_{12} 集电极得到一定宽度的移相脉冲，脉冲宽度由 R_2、C_2 的值决定。脉冲经 VT_{13}、VT_{14} 功率放大后，在"9"端能够得到输出 200 mA 电流的触发脉冲。VT_4 是失交保护输出。当输入移相电压大于 8.5 V 与锯齿波失交时，VT_4 的同步零点脉冲输出通过"2"端与"12"端连接，保证了移相电压与锯齿波失交时可控硅仍保持全导通。

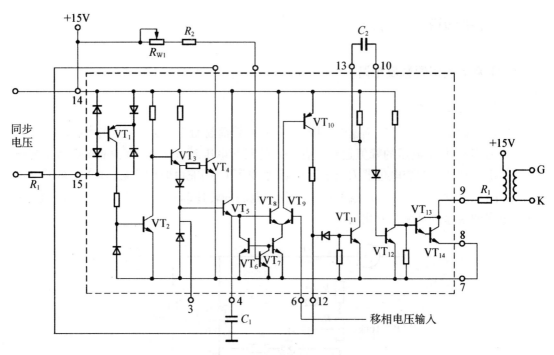

图 3 - 8 KC05 内部原理图

（2）KC05 引脚及功能。KC05 引脚及功能见表 3 - 1 所示。

表 3 - 1 KC05 引脚及功能表

引脚	功　能	引脚	功　能
1	悬空	9	触发脉冲输出端,通过一个电阻接晶闸管门极或脉冲变压器一端
2	失交保护信号连接端,与 12 脚相连接进行失交保护	10	脉宽电阻及微分电容连接端,通过一个电阻接工作电源,并通过一个电容接 13 脚
3	悬空	11	悬空
4	锯齿波电容连接端,通过 0.47 μF 电容接地	12	失交保护信号公共连接端,与 2 脚相连
5	锯齿波斜率调节端,通过一个电阻与可调电位器串联接工作电源	13	宽度微分电容连接端,通过一个电容接 10 脚
6	移相电压输入端,接移相电位器中点或控制系统调节输出信号	14	悬空
7	地端	15	同步信号输入端,通过一个电阻接同步电源
8	脉冲功率放大晶体管发射极端,与工作电源地端相连	16	电源端,接直流电源

（3）单相交流调压触发电路。KC05 组成的单相交流调压触发电路原理图如图 3 - 9 所示。

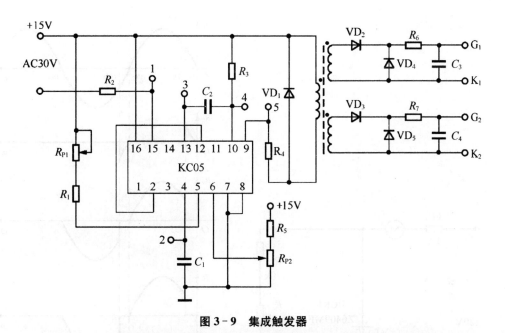

图 3-9　集成触发器

同步电压由 KC05 的 15、16 脚输入,在 2 点可以观测到锯齿波,锯齿波斜率由 R_{P1}、R_1、C_1 决定,调节 R_{P1} 电位器可调节锯齿波的斜率。锯齿波与 6 脚引入的移相控制电压进行比较放大,调节 R_{P2},可调节触发脉冲控制角。触发脉冲从第 9 脚经脉冲变压器输出。脉冲宽度由 R_3、C_2 决定,再经过功率放大由 9 脚输出。各主要点的波形如图 3-10 所示。

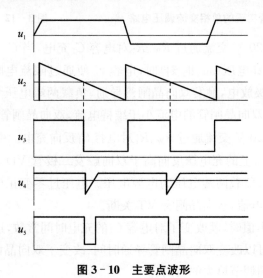

图 3-10　主要点波形

(二) 单相交流调压电路

1. 双向晶闸管实现的单相交流调压电路

双向晶闸管实现的单相交流调压电路电阻性负载如图 3-11 所示,输出电压波形如图 3-12 所示。

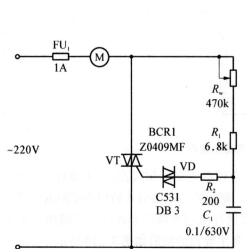

图 3‑11　双向晶闸管实现的单相交流调压电路　　　图 3‑12　输出电压波形图

电源电压正半周,220 V 交流通过 R_{w}、R_1 对电容 C_1 充电,当 C_1 上的充电压升到高于双向触发二极管 VD 的击穿电压(ωt_1时刻)时,电容 C_1 便通过限流电阻 R_2、双向触发二极管 VD 向晶闸管 VT 控制极放电,触发双向晶闸管导通,负载两端电压为电源电压。电压过零变负(ωt_2时刻)时,流过双向晶闸管的电流小于维持电流,双向晶闸管 VT 关断。

电源电压负半周,220 V 交流通过 R_{w}、R_1 对电容 C_1 反向充电。由于双向触发二极管正、反向工作特性相同,当 C_1 上的充电压反向高于双向触发二极管 VD 击穿电压(ωt_3时刻)时,双向晶闸管被触发导通,负载两端电压为电源电压。电压过零变正(ωt_4时刻)时,流过双向晶闸管的电流小于维持电流,双向晶闸管 VT 关断。

改变可变电阻 R_{w} 阻值时,就改变了对电容 C_1 的充电时间常数,这样就可以改变 C_1 充电电压的上升速度,从而可以改变双向晶闸管导通时间(改变了双向晶闸管导通角),改变输出电压和电流的大小,达到调节风力的目的。

电风扇无级调速器实际上就是负载为电感性的单相交流调压电路。交流调压是将一种幅值的交流电能转化为同频率的另一种幅值的交流电能。

电阻负载上交流电压有效值为

$$U_{\mathrm{R}}=\sqrt{\frac{1}{\pi}\int_0^{\pi}(\sqrt{2}U_2\sin\omega t)^2\mathrm{d}(\omega t)}=U_2\sqrt{\frac{1}{2\pi}\sin2\alpha+\frac{\pi-\alpha}{\pi}}$$

电流有效值

$$I = \frac{U_R}{R} = \frac{U_2}{R}\sqrt{\frac{1}{2\pi}\sin2\alpha + \frac{\pi-\alpha}{\pi}}$$

电路功率因数

$$\cos\varphi = \frac{P}{S} = \frac{U_R I}{U_2 I} = \sqrt{\frac{1}{2\pi}\sin2\alpha + \frac{\pi-\alpha}{\pi}}$$

电路的移相范围为 $0\sim\pi$。单相交流调压电路电阻负载电路及波形如图 3-13 所示。

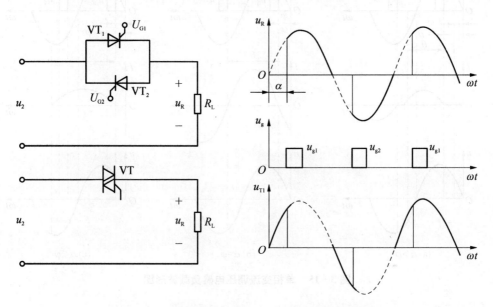

图 3-13　单相交流调压电路电阻负载电路及波形图

通过改变 α 可得到不同的输出电压有效值,从而达到交流调压的目的。由双向晶闸管组成的电路,只要在正负半周对称的相应时刻($\alpha,\pi+\alpha$)给触发脉冲,则和反并联电路一样可得到同样的可调交流电压。

交流调压电路的触发电路完全可以套用整流移相触发电路,但是脉冲的输出必须通过脉冲变压器,其两个二次线圈之间要有足够的绝缘。

2. 电感性负载

图 3-14 所示为电感性
负载的交流调压电路。由于
电感的作用,在电源电压由正
向负过零时,负载中电流要滞
后一定 φ 角度才能到零,即管
子要继续导通到电源电压的
负半周才能关断。晶闸管的
导通角 θ 不仅与控制角 α 有

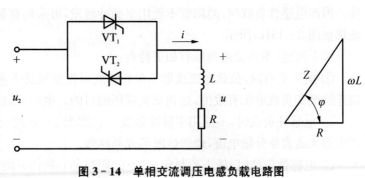

图 3-14　单相交流调压电感负载电路图

关,而且与负载的功率因数角 φ 有关。控制角越小,则导通角越大,负载的功率因数角 φ 越大,表明负载感抗大,自感电动势使电流过零的时间越长,因而导通角 θ 越大。

下面分三种情况加以讨论。

(1) $\alpha > \varphi$

由图 3 - 15(a)可见,当 $\alpha > \varphi$ 时,$\theta < 180°$,即正负半周电流断续,且 α 越大,θ 越小。可见,α 在 $\varphi \sim 180°$ 范围内,交流电压连续可调。电流电压波形如图 3 - 15(a)所示。

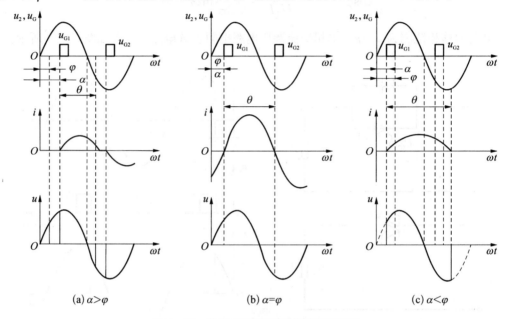

图 3 - 15　单相交流调压电感负载波形图

(2) $\alpha = \varphi$

由图 3 - 15 可知,当 $\alpha = \varphi$ 时,$\theta = 180°$,即正负半周电流临界连续。相当于晶闸管失去控制,电流电压波形如图 3 - 15(b)所示。

(3) $\alpha < \varphi$

此种情况若开始给 VT_1 管以触发脉冲,VT_1 管导通,而且 $\theta > \alpha$。如果触发脉冲为窄脉冲,当 u_{g2} 出现时,VT_1 管的电流还未到零,VT_1 管关不断,VT_2 管不能导通。当 VT_1 管电流到零关断时,u_{g2} 脉冲已消失,此时 VT_2 管虽已受正压,但也无法导通。到第三个半波时,u_{g1} 又触发 VT_1 导通。这样负载电流只有正半波部分,出现很大的直流分量,电路不能正常工作。因而电感性负载时,晶闸管不能用窄脉冲触发,可采用宽脉冲或脉冲列触发。电流电压波形如图 3 - 15(c)所示。

综上所述,单相交流调压有如下特点:

① 电阻负载时,负载电流波形与单相桥式可控整流交流侧电流一致。改变控制角 α 可以连续改变负载电压有效值,达到交流调压的目的。电阻负载时移相范围为 $0 \sim 180°$。

② 电感性负载时,不能用窄脉冲触发。否则当 $\alpha < \varphi$ 时,会出现一个晶闸管无法导通,产生很大的直流分量电流,烧毁熔断器或晶闸管。

③ 电感性负载时,最小控制角 $\alpha_{min} = \varphi$(阻抗角),所以 α 的移相范围为 $\varphi \sim 180°$。

任务三　三相半波可控整流电路

一、任务描述与目标

当整流负载容量较大,要求直流电压脉动较小,对控制的快速性有要求时,多采用三相整流电路,三相半波是最基本的电路形式,其他类型可视为三相半波相控整流电路以不同方式串联或并联而成。本次任务的目标如下。

(1)掌握三相半波整流电路的工作原理,能进行波形分析;

(2)能根据整流电路形式及元件参数进行输出电压、电流等参数的计算;

(3)会根据电路要求选择合适的元器件,初步具备成本核算意识。

二、相关知识

(一)三相半波可控整流电路电阻性负载工作原理及参数计算

三相半波可控整流电路如图 3-16 所示。Tr 为三相整流变压器,晶闸管 VS_1、VS_3、VS_5 的阳极分别与变压器的 U、V、W 三相相连,3 只晶闸管的阴极接在一起经负载电阻 R_d 与变压器的中性线相连,它们组成共阴极接法电路。

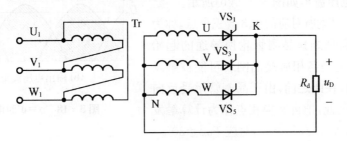

图 3-16　三相半波可控整流电路

整流变压器的二次相电压有效值为 U_2,表达式分别为

$$u_U = \sqrt{2}U_2\sin\omega t$$

$$u_V = \sqrt{2}U_2\sin\left(\omega t - \frac{2\pi}{3}\right)$$

$$u_W = \sqrt{2}U_2\sin\left(\omega t + \frac{2\pi}{3}\right)$$

电源电压是不断变化的,三相中哪一相所接的晶闸管可被触发导通,依据晶闸管的单向导电原则,取决于 3 只晶闸管各自所接的 U_U、U_V、U_W 中哪一相电压瞬时值最高,则该相所接晶闸管可被触发导通,而另外两管则承受反向电压而阻断。

三相电源波形图 3-17 中的 1、3、5 交点为电源相电压正半周的相邻交点，称为自然换相点，也就是三相半波可控整流电路各相晶闸管控制角 α 的起点，即 $\alpha=0°$ 的点。由于自然换相点距相电压原点为 30°，所以触发脉冲距对应相电压的原点为 $30°+\alpha$。下面分析当触发延迟角 α 不同时，整流电路的工作原理。

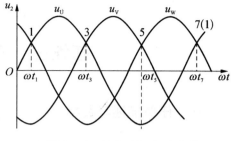

图 3-17　三相电源波形

1. 控制角 $\alpha=0°$

当 $\alpha=0°$ 时，晶闸管 VS_1、VS_3、VS_5 相当于 3 只整流二极管，工作原理分析如下。

$\omega t_1 \sim \omega t_3$ 期间，U_U 瞬时值最高，U 相所接的晶闸管 VS_1 触发导通，输出电压 $U_d=U_U$，V 相和 W 相所接 VS_3、VS_5 承受反向线电压而阻断。

$\omega t_3 \sim \omega t_5$ 期间，U_V 瞬时值最高，V 相所接的晶闸管 VS_3 触发导通，输出电压 $U_d=U_V$，VS_1、VS_5 承受反向线电压而阻断。

$\omega t_5 \sim \omega t_7$ 期间，U_W 瞬时值最高，W 相所接的晶闸管 VS_5 触发导通，输出电压 $U_d=U_W$，VS_1、VS_3 承受反向线电压而阻断。

依次循环，每个晶闸管导通 120°，三相电源轮流向负载供电，负载电压 u_d 为三相电源电压正半周包络线，负载电压波形如图 3-18(b) 所示。

(a) 三相电压波形

(b) 输出电压波形

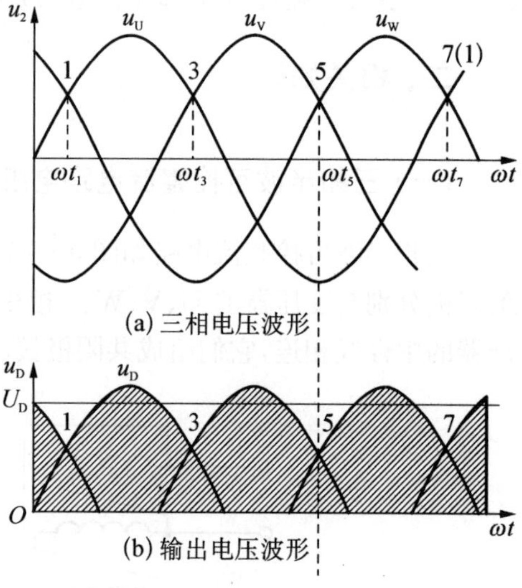

图 3-18　$\alpha=0°$ 时电路波形

ωt_1、ωt_3、ωt_5 时刻所对应的 1、3、5 三个点，称为自然换相点，分别是 3 只晶闸管轮换导通的起始点。自然换相点也是各相所接晶闸管可能被触发导通的最早时刻，在此之前，由于晶闸管承受反向电压，不能导通，因此，把自然换相点作为计算触发延迟角 α 的起点，即该点时 $\alpha=0°$，对应于 $\omega t=30°$。

2. 控制角 $\alpha=30°$

图 3-19 所示为当触发脉冲后移到 $\alpha=30°$ 时的波形。假设电路已在工作，W 相所接的晶闸管 VS_5 导通，经过自然换相点"1"时，由于 U 相所接晶闸管 VS_1 的触发脉冲尚未送到，故无法导通。于是 VS_5 管仍承受 U_W 正向电压继续导通，直到过 U 相自然换相点"1"点 30°，即 $\alpha=30°$ 时，晶闸管 VS_1 被触发导通，输出直流电压波形由 U_W 换为 U_U，如图 3-19(a) 所示波形。VS_1 的导通使晶闸管 VS_5 承受 U_{UW} 反向电压而被迫关断，负载电流 i_d 从 W 相换到 U 相。依次类推，其他两相也依次轮流导通与关断。负载电流 i_d 波形与 u_d 波形相似，而流过晶闸管 VS_1 的电流 i_{T1} 波形是 i_d 波形的 1/3 区间，如图 3-19(c) 所示。当 $\alpha=30°$ 时，晶闸管 VS_1 两端的电压 u_{T1} 波形如图 3-19(d) 所示，它可分成 3 部分，晶闸管 VS_1 本身导通，$U_{T1}=0$；VS_3 导通时，$U_{T1}=U_{UV}$；VS_5 导通时，$U_{T1}=U_{UW}$。

根据以上分析，当触发脉冲后移到 $\alpha=150°$ 时，由于晶闸管已不再承受正向电压而无法导通，$U_d = 0$ V。

由以上分析可以得出如下结论。

(1) 改变晶闸管控制角，就能改变整流电路输出电压的波形。当 $\alpha = 0°$ 时，输出电压最大；α 角增大，输出电压减小；$\alpha = 150°$ 时，输出电压为零。三相半波可控整流电路的移相范围是 $0° \sim 150°$。

(2) 当 $\alpha \leqslant 30°$ 时，U_d 的波形连续，各相晶闸管的导通角均为 $\theta = 120°$；当 $\alpha > 30°$ 时，u_d 波形出现断续，晶闸管关断点均在各自相电压过零点，晶闸管导通角 $\theta < 120°(\theta = 150° - \alpha)$。

(3) 在波形连续时，晶闸管阳极承受的电压波形由 3 段组成：晶闸管导通时，晶闸管两端电压为零（忽略管压降），其他任一相导通时，晶闸管承受相应的线电压；波形断续时，3 个晶闸管均不导通，管子承受的电压为所接相的相电压。

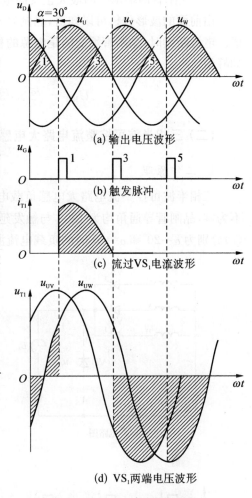

(a) 输出电压波形

(b) 触发脉冲

(c) 流过VS₁电流波形

(d) VS₁两端电压波形

图 3 - 19　$\alpha = 30°$ 时电路波形

3. 参数计算

(1) 整流输出电压 U_d 的平均值计算。

当 $0° \leqslant \alpha \leqslant 30°$ 时，此时电流波形连续，通过分析可得到

$$U_d = \frac{1}{\frac{2\pi}{3}} \int_{\frac{\pi}{6}+\alpha}^{\frac{5\pi}{6}+\alpha} \sqrt{2} U_2 \sin(\omega t) \, \mathrm{d}(\omega t)$$

$$= \frac{3\sqrt{6}}{2\pi} U_2 \cos\alpha = 1.17 U_2 \cos\alpha$$

当 $30° \leqslant \alpha \leqslant 150°$ 时，此时电流波形断续，通过分析可得到

$$U_d = \frac{1}{\frac{2\pi}{3}} \int_{\frac{\pi}{6}+\alpha}^{\pi} \sqrt{2} U_2 \sin\omega t \, \mathrm{d}(\omega t) = \frac{3\sqrt{2}}{2\pi} U_2 \left[1 + \cos\left(\frac{\pi}{6} + \alpha\right) \right] = 0.675 U_2 \left[1 + \cos\left(\frac{\pi}{6} + \alpha\right) \right]$$

(2) 直流输出平均电流 I_d。

$$I_d = U_d / R_d$$

(3) 流过晶闸管的电流的平均值 I_{dT}。

$$I_{dT} = \frac{1}{3} I_d$$

(4) 流过晶闸管的电流的有效值 I_T。

$$I_T = \sqrt{\frac{1}{3}} I_d = 0.577 I_d$$

(5)晶闸管两端承受的最大正反向电压。

由前面的波形分析可以知道,晶闸管承受的最大反向电压为变压器二次侧线电压的峰值。电流断续时,晶闸管承受的是电源的相电压,所以晶闸管承受的最大正向电压为相电压的峰值。

$$U_{RM} = \sqrt{2} \times \sqrt{3}U_2 = \sqrt{6}U_2 = 2.45U_2$$

(二)三相半波可控整流电路大电感负载工作原理

1. 工作原理

三相半波可控整流电路大电感负载电路如图 3-20(a)所示。只要输出电压平均值 U_d 不为零,晶闸管导通角均为 120°,与触发延迟角无关,其电流波形近似为方波,图 3-20(c)、(e)分别为 $\alpha = 20°$ 和 $\alpha = 60°$ 时的负载电流波形。

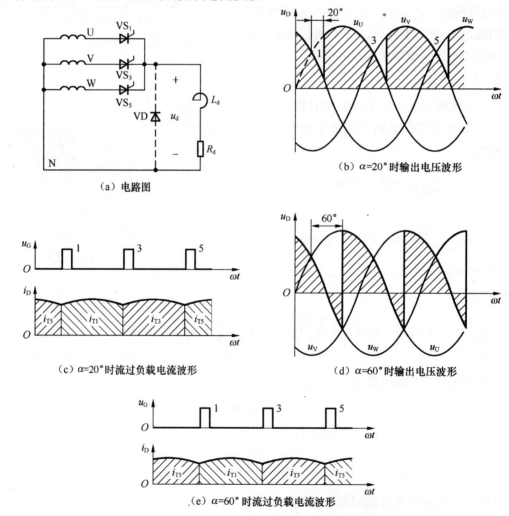

(a) 电路图

(b) $\alpha = 20°$ 时输出电压波形

(c) $\alpha = 20°$ 时流过负载电流波形

(d) $\alpha = 60°$ 时输出电压波形

(e) $\alpha = 60°$ 时流过负载电流波形

图 3-20　三相半波可控整流电路大电感负载电路波形

图 3-20(b)、(d)所示分别为 $\alpha=20°(0°\leqslant\alpha\leqslant30°$区间)、$\alpha=60°(30°<\alpha\leqslant90°$区间)时的输出电压 U_d 波形。由于电感 L_d 的作用,当 $\alpha>30°$ 后,U_d 波形出现负值,如图(d)所示。当负载电流从大变小时,即使电源电压过零变负,在感应电动势的作用下,晶闸管仍承受正向电压而维持导通。只要电感量足够大,晶闸管导通就能维持到下一相晶闸管被触发导通为止,随后承受反向线电压而被强迫关断。尽管 $\alpha>30°$ 后,U_d 波形出现负面积,但只要正面积能大于负面积,其整流输出电压平均值总是大于零,电流 i_d 可连续平稳。

显然,当触发脉冲后移到 $\alpha\leqslant90°$ 后,U_d 波形的正、负面积相等,其输出电压平均值 U_d 为零,所以大电感负载不接续流二极管时,其有效的移相范围只能为 $\alpha=0°\sim90°$。

晶闸管两端电压波形与电阻性负载分析方法相同。

（三）三相半波可控整流电路电感性负载接续流二极管时工作原理

为了扩大移相范围并使负载电流 i_d 平稳,可在电感负载两端并接续流二极管 VD。由于续流二极管的作用,u_d 波形已不出现负值,与电阻性负载 u_d 波形相同。

图 3-21(a)、(b)所示为接入续流二极管后,α 分别为 30° 和 60° 时的电压、电流波形。可见,在 $0°\leqslant\alpha\leqslant30°$ 区间,电源电压均为正值,u_d 波形连续,续流二极管不起作用;在 $30°\leqslant\alpha\leqslant150°$ 区间,电源电压出现过零变负时,续流二极管及时导通,为负载电流提供续流回路,晶闸管承受反向电源相电压而关断。这样 u_d 波形断续但不出现负值。续流二极管 VD 起作用时,晶闸管与续流二极管的导通角分别为

$$\theta_T = 150° - \alpha, \theta_D = 3(\alpha - 30°)$$

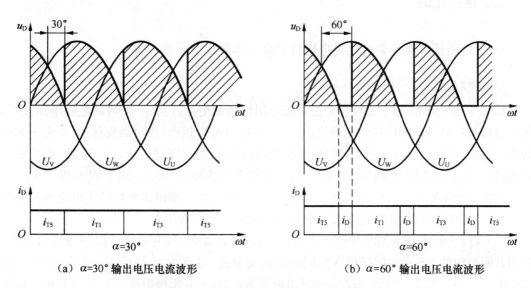

（a）$\alpha=30°$ 输出电压电流波形　　　　（b）$\alpha=60°$ 输出电压电流波形

图 3-21 大电感负载接续流二极管电路波形

任务四　三相桥式全控整流电路

一、任务描述与目标

三相桥式全控整流电路多用于直流电动机或要求实现有源逆变的负载,为使负载电流连续平滑,改善直流电动机的机械特性,利于直流电动机换向及减小火花,一般要串入平波电抗器,相当于负载是含有反电动势的大电感负载。

三相桥式全控整流电路是由一组共阴极接法和另一组共阳极接法的三相半波可控整流电路串联而成。共阴极组 VS_1、VS_3 和 VS_5 在正半周导电,流经变压器的电流为正向电流;共阳极组 VS_4、VS_6 和 VS_2 在负半周导电,流经变压器的电流为反向电流。变压器每相绕组在正、负半周都有电流流过,因此,变压器绕组中没有直流磁通势,同时也提高了变压器绕组的利用率。

本次任务的目标如下。

(1) 掌握三相桥式全控整流电路的工作原理,能进行波形分析;

(2) 能根据整流电路形式及元件参数进行输出电压、电流等参数的计算;

(3) 会根据电路要求选择合适的元器件,初步具备成本核算意识。

二、相关知识

(一) 三相桥式全控整流电路电阻性负载工作原理及参数计算

1. 工作原理

如图 3 - 22 所示,为三相桥式全控整流电阻性负载电路及当 $\alpha = 0°$ 时的电路电压波形。触发电路先后向各自所控制的晶闸管的门极(对应自然换相点)送出触发脉冲,即在三相电源电压正半波的 1、3、5 点(正半波自然换相点)向共阴极组晶闸管 VS_1,VS_3 和 VS_5 输出触发脉冲;在三相电源电压负半波的 2、4、6 点(负半波自然换相点)向共阳极组晶闸管 VS_4,VS_6 和 VS_2 输出触发脉冲。图中各线电压的交点处 1~6 就是三相桥式全控整流电路 6 只晶闸管 VS_1~VS_6 的自然换相点,也就是晶闸管触发延迟角 α 的起始点。

(1) 当 $\alpha = 0°$ 时,波形如图 3 - 22 所示。在 $\omega t_1 \sim \omega t_2$ 期间,U 相电位最高,V 相电位最低,此时共阴极组的 VS_1 和共阳极组 VS_6 同时被触发导通,电流由 U 相经 VS_1 流向负载,又经 VS_6 流入 V 相。假设共阴组流过 U 相绕组电流为正,那么共阳极组流过 U 相绕组电流就应为负,则输出电压为

$$U_d = U_U - U_V = U_{UV}$$

经 60° 后进入 $\omega t_2 \sim \omega t_3$ 区间,U 相电位仍然最高,所以 VS_1 继续导通,但 W 相晶闸管 VS_2 的阴极电位变为最低。在自然换相点 2 处,即 ωt_2 时刻,VS_2 被触发导通,VS_2 的导通使

VS₆承受 U_{VU} 反向电压而被迫关断。这一区间负载电流仍然从 U 相流出，经 VS₁、负载、VS₂ 而回到电源 W 相，这一区间的整流输出电压为

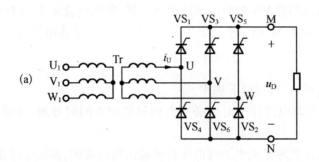

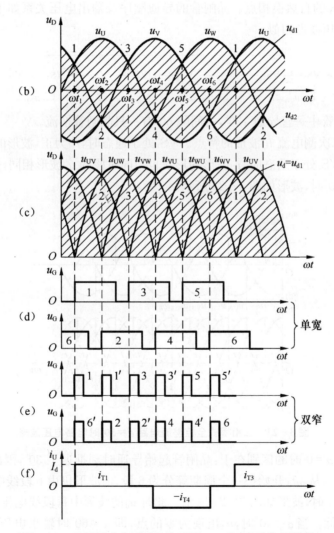

图 3-22 三相桥式全控整流电路及 α＝0°时电路电压波形

$$U_d = U_U - U_W = U_{UW}$$

又经过 60°后进入 $\omega t_3 \sim \omega t_4$ 区间,V 相电位变为最高,在自然换相点 3 处,即 ωt_3 时刻,VS_3 被触发导通,W 相晶闸管 VS_2 的阴极电位仍为最低,负载电流从 U 相换到从 V 相流出,经 VS_3、负载、VS_2 回到电源 W 相。整流变压 V、W 两相工作,输出电压为

$$U_d = U_V - U_W = U_{VW}$$

其他区间,依此类推,并遵循以下规律。

① 三相桥式全控整流电路任一时刻必须有两只晶闸管同时导通,才能形成负载电流,其中一只在共阳极组,另一只在共阴极组。

② 整流输出电压 u_d 波形是由电源线电压轮流输出所组成的,各线电压正半波交点 1~6 分别是 $VS_1 \sim VS_6$ 的自然换相点。晶闸管的导通顺序及输出电压关系如下流程所示。输出电流的波形与电压波形相似。

$$\rightarrow VS_6 - VS_1 \rightarrow VS_1 - VS_2 \rightarrow VS_2 - VS_3 \rightarrow VS_3 - VS_4 \rightarrow VS_4 - VS_5 \rightarrow VS_5 - VS_6 \rightarrow$$
$$\boxed{u_{UV}} \quad \boxed{u_{UW}} \quad \boxed{u_{VW}} \quad \boxed{u_{VU}} \quad \boxed{u_{WU}} \quad \boxed{u_{WV}}$$

③ 6 只晶闸管中每管导通 120°,每间隔 60°有一只晶闸管换流。

④ 变压器二次侧电流 i_U 波形的特点。VS_1 处于通态时,i_U 为正,波形的形状与同时段的 u_d 波形相同,在 VS_4 处于通态时,i_U 波形的形状也与同时段的 u_d 波形相同,但为负值。

(2) 当 $\alpha = 30°$ 时,波形如图 3-23 所示。

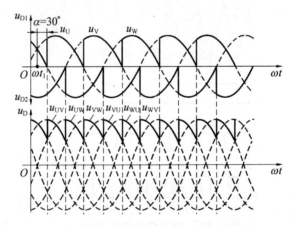

图 3-23 三相桥式全控整流电路 $\alpha = 30°$ 时电路电压波形

这种情况与 $\alpha = 0°$ 时的区别在于:晶闸管起始导通时刻推迟了 30°,因此,组成 u_d 的每一段线电压推迟 30°,从 ωt_1 开始把一个周期等分为 6 段,u_d 波形仍由 6 段线电压构成。

(3) 当 $\alpha = 60°$ 时,波形如图 3-24 所示。此时 u_d 的波形中每段线电压的波形继续后移,u_d 平均值继续降低。当 $\alpha = 60°$ 时,u_d 出现为零的点,即 $\alpha = 60°$ 时输出电压 u_d 的波形临界连续,但是每只晶闸管的导通角仍然为 120°。

(4) 当 $\alpha = 90°$ 时,波形如图 3-25 所示。此时 $\alpha = 90°$ 的波形中每段线电压的波形继续后移,u_d 平均值继续降低。u_d 波形断续,每个晶闸管的导通角小于 120°。由以上分析可知,电

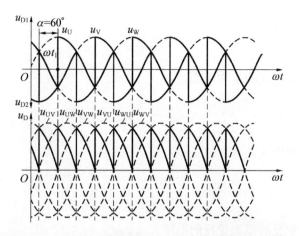

图 3 - 24　三相桥式全控整流电路 $\alpha=60°$ 时电路电压波形

阻性负载时,三相桥式全控整流电路的移相范围为 $0°\sim120°$。

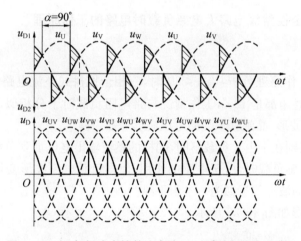

图 3 - 25　三相桥式全控整流电路 $\alpha=90°$ 时电路电压波形

2. 参数计算

(1) 负载电压平均值 U_d。

当 $\alpha\leqslant60°$ 时,

$$U_d = \frac{1}{\frac{\pi}{3}}\int_{\frac{\pi}{3}+\alpha}^{\frac{2\pi}{3}+\alpha}\sqrt{6}U_2\sin\omega t\,\mathrm{d}(\omega t) = \frac{3\sqrt{6}}{\pi}U_2\cos\alpha = 2.34U_2\cos\alpha$$

当 $\alpha>60°$ 时,

$$U_d = \frac{1}{\frac{\pi}{3}}\int_{\frac{\pi}{3}+\alpha}^{\pi}\sqrt{6}U_2\sin\omega t\,\mathrm{d}(\omega t) = \frac{3\sqrt{6}}{\pi}U_2\left[1+\cos\left(\frac{\pi}{3}+\alpha\right)\right]$$

$$= 2.34U_2\left[1+\cos\left(\frac{\pi}{3}+\alpha\right)\right]$$

（2）负载电流平均值 I_d。

$$I_d = \frac{U_d}{R_d}$$

（3）流过晶闸管的电流的平均值 I_{dT}。

$$I_{dT} = \frac{1}{3} I_d$$

（4）流过晶闸管的电流的有效值 I_T。

$$I_T = \sqrt{\frac{1}{3}} I_d = 0.577 I_d$$

（5）晶闸管两端承受的最大正反向电压 U_{TM}。

$$U_{TM} = \sqrt{2} \times \sqrt{3} U_2 = \sqrt{6} U_2 = 2.45 U_2$$

（二）三相桥式全控整流电路大电感负载时电路的工作原理

1. 在 $\alpha < 60°$ 时

由电阻性负载工作原理分析，当 $\alpha < 60°$ 时，三相全控桥式整流电路输出电压 u_d 波形连续，每只晶闸管的导通角都是 $120°$，工作情况与带电阻负载时十分相似，各晶闸管的通断情况、输出整流电压 u_d 波形、晶闸管承受的电压波形等都一样。

两种负载时的区别在于由于负载不同，同样的整流输出电压加到负载上，得到的负载电流 i_d 波形不同。大电感负载时，由于电感的作用，使得负载电流波形变得平直，当电感足够大的时候，负载电流的波形可近似为一条水平线。

当 $\alpha = 30°$ 时，波形如图 3-26 所示。

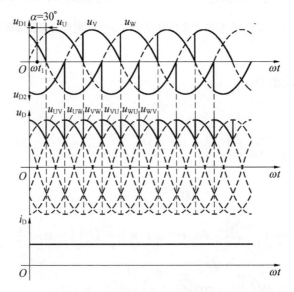

图 3-26　三相桥式全控整流电路大电感负载 $\alpha = 30°$ 时电路波形

2. 当 $\alpha>60°$ 时

当 $\alpha>60°$ 时，由于电感 L 的作用，只要整流输出电压平均值不为零，每只晶闸管的导通角都是 $120°$，与触发延迟角 α 大小无关，但是 u_d 波形会出现负的部分，负载电流为连续平稳的一条水平线，而流过晶闸管与变压器绕组的电流均为方波。当 $\alpha=90°$ 时，输出整流电压 u_d 波形正、负面积相等，平均值为零，如图 3 - 27 所示，带大电感负载时，三相桥式全控整流电路的 α 角移相范围为 $0°\sim90°$。

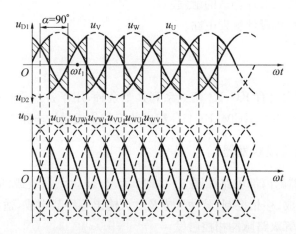

图 3 - 27　三相桥式全控整流电路大电感负载 $\alpha=90°$ 时电路波形

（三）三相桥式全控整流电路大电感负载接续流二极管时工作原理

三相桥式全控整流电路大电感负载电路中，当 $\alpha>60°$ 时，输出电压的波形出现负值，使输出电压平均值下降，可在大电感负载两端并接续流二极管 VD，这样不仅可以提高输出电压的平均值，而且可以扩大移相范围并使负载电流更平稳。

当 $\alpha\leqslant60°$ 时，输出电压波形和参数计算与大电感负载不接续流二极管时相同，续流二极管不起作用，每个晶闸管导通 $120°$。

当 $\alpha>60°$ 时，三相电源电压每相过零变负时，电感的感应电动势使续流二极管承受正向电压而导通，晶闸管关断。

续流期间输出电压 $u_d=0$，使得波形不出现负向电压，可见输出电压波形与电阻性负载时输出电压波形相同，晶闸管导通角 $\theta<120°$。

任务五　三相集成触发电路

一、任务描述与目标

晶闸管的电流容量越大，要求的触发功率就越大，对于大、中容量的晶闸管，尤其是三相整流电路中，为了保证其触发脉冲具有足够的功率，满足移相范围宽、可靠性高的要求，往往采用三相集成触发电路,集成触发电路具有体积小、温漂小、功耗低、性能稳定、工作可靠等多种优点,大大简化了触发电路的生产、调试和维修,应用越来越广泛。本次任务的目标如下。

(1) 了解 KC04、KC41C 组成的三相集成触发电路的工作原理;

(2) 掌握集成触发电路的接线和调试方法;

(3) 熟悉集成触发电路各点的波形的测量;

(4) 会根据电路要求选择合适的触发芯片;

(5) 尝试使用单片机设计触发电路。

二、相关知识

相控集成触发器主要有 KC、KJ 两大系列共十余种,用于各种移相触发、过零触发等场合。这里介绍 KC 系列中的 KC04、KC41C 组成的三相集成触发电路。

(一) KC04 移相集成触发器

KC04 移相触发器的内部电路如图 3 - 28 所示,与分立元件组成的锯齿波触发电路相似,由同步、锯齿波形成、移相控制、脉冲形成及放大输出等环节组成,适用于单相、三相桥式全控整流装置中晶闸管双路脉冲相控触发。

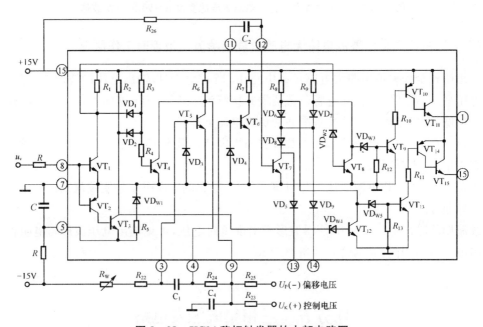

图 3 - 28   KC04 移相触发器的内部电路图

1. 同步电路

同步电路由晶体管 $VT_1 \sim VT_4$ 等元件组成。正弦波电压经限流电阻加到 VT_1、VT_2 的基极。在电源电压正半周,VT_2 截止,VT_1 导通,VD_1 导通,VT_4 截止。在电源电压负半周,VT_1 截止,VT_2、VT_3 导通,VD_2 导通,VT_4 同样截止。在电源电压正负半周内,当电压小于

0.7 V 时，VT_1、VT_2、VT_3 均截止，VD_1、VD_2 也截止，于是 VT_4 从电源 +15 V 经 R_3、R_4 获得足够的基极电流而饱和导通，在 VT_4 的集电极获得与电源电压同步的脉冲。

2. 锯齿波形成电路

锯齿波形成电路由 VT_5、C_1 组成。当 VT_4 截止时，+15 V 电源通过 R_6、R_{22}、R_W、−15 V 对 C_1 充电。当 VT_4 导通时，C_1 通过 VT_4、VD_3 迅速放电，在 KC04 的第 4 脚（也就是 VT_5 的集电极）形成锯齿波电压，锯齿波的斜率取决于 R_{22}、R_W 与 C_1 的大小。

3. 移相电路

移相电路由 VT_6 与外围元件组成，锯齿波电压、控制电压、偏移电压分别通过电阻 R_{24}、R_{23}、R_{25} 在 VT_6 的基极叠加，控制 VT_6 管的导通和截止时刻。

4. 脉冲形成电路

脉冲形成电路由 VT_7 与外围元件组成。当 VT_6 截止时，+15 V 电源通过 R_7、VT_7 的 b-e 结对 C_2 充电（左正右负），同时 VT_7 经 R_{26} 获得基极电流而导通。当 VT_6 导通时，C_2 上的充电电压成为 VT_7 的 b-e 结的反偏电压，VT_7 截止。此后 +15 V 经 R_{26}、VT_6 对 C_2 充电（左负右正），当反向充电电压大于 1.4 V 时，VT_7 又恢复导通。这样在 VT_7 的集电极得到了脉冲，其宽度由时间常数 $R_{26}C_2$ 的大小决定。

5. 脉冲输出电路

脉冲输出电路由 $VT_8 \sim VT_{15}$ 组成。在电源电压正半周，VT_1 导通，A 点为低电位，B 点为高电位，使 VT_8 截止，VT_{12} 导通。VT_{12} 的导通使 VD_{W5} 截止，由 VT_{13}、VT_{14}、VT_{15} 组成的放大电路无脉冲输出。VT_8 的截止使 VD_{W3} 导通，VT_7 集电极的脉冲经 VT_9、VT_{10}、VT_{11} 组成的电路放大后由 1 脚输出。在电源电压负半周，VT_8 导通，VT_{12} 截止，VT_7 的正脉冲经 VT_{13}、VT_{14}、VT_{15} 组成的电路放大后由 15 脚输出。

（二）KC41C 六路双脉冲形成器

三相桥式全控整流电路要求用双窄脉冲触发，即用两个间隔 60° 的窄脉冲去触发晶闸管。产生双窄脉冲的方法有两种，一种是每个触发电路在每个周期内只产生一个脉冲，脉冲输出电路同时触发两个桥臂的晶闸管，这叫外双脉冲触发。另一种是每个触发电路在一个周期内连续发出两个相隔 60° 的窄脉冲，脉冲输出电路只触发一个晶闸管，这称为内双脉冲。内双脉冲触发是目前应用最多的一种触发方式。

KC41C 是六路双脉冲形成器，它不仅具有双脉冲形成功能，还具有脉冲封锁控制的功能。内部电路及外形图如图 3-29 所示。1~6 脚是六路脉冲输入端，每路脉冲由输入二极管送给本相和前相，由具有的"或"功能形成双窄脉冲，再由 $VT_1 \sim VT_6$ 组成的六路放大器分六路输出。VT_7 管为电子开关，当 7 脚接地时，VT_7 管截止，10~15 脚有脉冲输出，反之，7 脚置高电位，VT_7 管导通，各路脉冲被封锁。

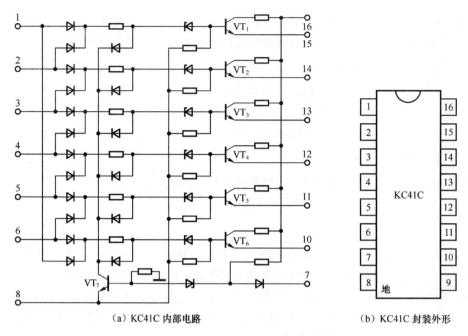

（a）KC41C 内部电路　　　　　　（b）KC41C 封装外形

图 3-29　KC41C 内部电路及外形图

（三）KC04、KC41C 组成的三相集成触发电路

3 块 KC04 与 1 块 KC41C 外加少量分立元器件组成三相桥式全控整流集成触发电路，如图 3-30 所示。三相电源分别接到 3 块 KC04 的 8 脚，3 块 KC04 的 1 脚与 15 脚产生的 6

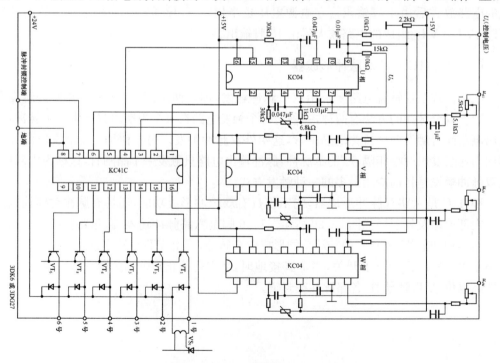

图 3-30　KC04、KC41C 组成的三相集成触发电路

个脉冲分别接到 KC41C 的 $1 \sim 6$ 脚。$10 \sim 15$ 脚输出的双窄脉冲经外接的 $VT_1 \sim VT_6$ (3DK6)晶体管做功率放大,得到 800 mA 触发脉冲电流,可触发大功率的晶闸管。

任务六　设计与制作

2015 年国赛赛题——风板控制装置(I 题)

一、赛题

1. 任务

设计并制作一个风板控制装置,该装置能通过控制风机的风量来控制风板,完成规定动作,风板控制装置参考示意图如图 3 - 31 所示。

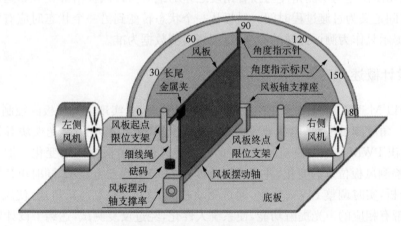

图 3 - 31　板控制装置参考示意图

2. 要求

(1) 基本要求

① 预置风板控制角度(控制角度在 $45° \sim 135°$ 之间设定)。由起点开始启动装置,控制风板达到预置角度,过渡过程时间不大于 10 s,控制角度误差不大于 $5°$,在预置角度上的稳定停留时间为 5 s,误差不大于 1 s。动作完成后风板平稳停留在终点位置上。

② 在 $45° \sim 135°$ 范围内预置两个角度值(Φ_1 和 Φ_2)。由终点开始启动装置,在 10 s 内控制风板到达第一个预置角度上,然后到达第二个预置角度,在两个预置角度之间做 3 次摆动,摆动周期不大于 5 s,摆动幅角误差不大于 $5°$,动作完成后风板平稳停留在起点位置上。

③ 显示风板设置的控制角度,风板从一个状态转变到另一个状态时应有明显的声光提示。

(2) 发挥部分

用细线绳将一个重量为 10 g 的物体(可以用 10 g 砝码代替)拴在小长尾金属夹的尾端上,小长尾金属夹与重物的总长度不小于 50 mm,并整体夹在图 3 - 31 所示风板的对应位置上。

① 预置风板控制角度(控制角度在 45°～135°之间设定)。由起点开始启动装置,控制风板达到预置角度,过渡过程时间不大于 15 s,控制角度误差不大于 5°,在预置角度上的稳定停留时间 5 s,误差不大于 1 s,最后控制风板平稳停留在终点位置上。

② 在 45°～135°范围内预置两个角度值(Φ_1 和 Φ_2)。由终点开始启动装置,在 15 s 内控制风板到达第一个预置角度上,然后到达第二个预置角度,在两个预置角度之间做 4 次摆动,摆动周期不大于 5 s,摆动幅角误差不大于 5°,动作完成后风板平稳停留在起点位置上。

③ 其他。

3. 说明

① 给出的图 3 - 31 仅作参考,风板的外形尺寸要求为:高 150 mm×宽 200 mm,厚度和制作材料及风板支架的机械连接方式不做限定;风板上除安装风板转动轴、角度指示针和传感器外,不能安装其他任何装置,风机数量和控制风向方式可自行设计确定,可以设置风板起始位置、终点位置的限位装置,限定风板能在与水平线成 30°～150°的夹角内摆动。

② 风板的运动状态,都要通过控制风机的风量来完成,不能受机械结构或其他外力的控制。控制角度误差为实测角度与预置角度之差的绝对值。风板由静止开始运动到规定控制角度的时间定义为过渡过程时间。风板从一个状态转变到另一个状态时应有明显的声光提示,声光提示只作为测评计时的参考,以现场实测数据为准。

二、设计概述

本系统以 MSP430 单片机为控制核心,通过 PID 算法,实现了对风板的控制。系统主要由电源模块、角度测量模块、电机驱动模块、显示模块、键盘模块和声光模块等构成。通过 PID 反馈输出 PWM 来改变直流风机风力大小,使风板转角根据需求变化。加速度传感器 MPU6050 检测风板位置的变化,并将风板角度在 LCD 液晶器上显示,同时单片机对采集的数据进行分析,实时调整 PWM 输出,通过驱动芯片 L298N 控制风机风速,使风板达到稳定的状态,并带有相应的声光提醒功能,使系统人性化,经过反复测试,达到了设计要求。

三、系统方案

本系统主要由主控模块、角度检测模块、电机驱动模块、显示模块、电源模块组成,下面分别论证这几个模块的选择。

1. 主控模块的论证与选择

方案一:采用传统 8 位的 51 单片机作为该系统的控制核心。经典 51 单片机具有价格低廉、使用简单等特点,但其存在外设 I/O 端口较少、运算速度低、功能单一、不稳定等缺点。

方案二:采用 TI 公司所生产的 MSP430F149 单片机为主控制芯片,运算速度快,超低功耗,有非常丰富的片内资源,性价比高。

综合比较以上两个方案,选择 TI 公司生产的 430 芯片,在低功耗方面有显著的优势,处理数据快,且其片内资源丰富,满足系统设计需求。

2. 角度检测模块方案论证

方案一:采用模拟三轴加速度计 MMA7260,MMA7260QT 是检测物件运动和方向的传感器,它根据物件运动和方向改变输出信号的电压值,通过 A/D 转换器读取输出信号,检测其运动和方向。

方案二:采用 MPU6050 传感器可准确追踪快速与慢速动作,并且可调整感测范围,可快速、直接将检测信号传给控制器。

控制帆板角度是个快速处理的过程,方案一还需采集电路对 AD 进行采集,转化为数字量,较复杂,综合考虑选择方案二。

3. 电机驱动模块

本设计的主要目的在于控制风机的转速,因此,电机驱动模块必不可少,其方案有以下两种。

方案一:采用大功率晶体管组合电路构成驱动电路,这种方法结构简单、成本低、易实现,但由于在驱动电路中采用了大量的晶体管相互连接,使得电路复杂、抗干扰能力差、可靠性下降,我们知道在实际的生产实践过程中可靠性是一个非常重要的方面,因此,此种方案不宜采用。

方案二:采用专用的电机驱动芯片,例如 L298N、L297N 等电机驱动芯片,由于它内部已经考虑到了电路的抗干扰能力、安全可靠性,所以我们在应用时只需考虑到芯片的硬件连接、驱动能力等问题就可以了。此种方案的电路设计简单、抗干扰能力强、可靠性好,设计者不需要对硬件电路设计考虑很多,可将重点放在算法实现和软件设计中,大大地提高了工作效率。

基于上述理论分析和实际情况,电机驱动模块选用方案二。

4. 显示模块方案

方案一:选用常见的数码管显示,成本低,只能显示简单的字符和数字。显示位数较多时,轮番扫描占用 CPU 时间。

方案二:选用 12864 显示屏显示。12864 的显示为 128×64,显示面积大,数字和汉字显示容易实现,程序要求不是很高,更加方便。

方案三:用彩屏显示。彩屏显示效果好,但成本高,功耗大,编程设计相对繁琐。

由于系统显示信息量较多,对比所述方案,选择 12864 作为系统显示器。

5. 电源模块方案

电源是所有系统运行的能量来源,本系统中电源模块为主控制器、电机驱动、角度检测模块等提供电源。

方案一:通过电阻分压的形式将整流后的电压分别降为控制芯片和电机运行所需的电压,此种方案原理和硬件电路连接都比较简单,但对能量的损耗大,在实际应用系统中一般不宜采用。

方案二:通过固定芯片对整流后的电压进行降压、稳压处理(如 7812、7805 等),此种方案可靠性、安全性高,对能源的利用率高,并且电路简单容易实现。

根据系统的具体要求,采用方案二作为系统的供电模块。

四、系统理论分析与计算

1. 角度确定

风板运动过程中需要实时检测角度的变化,通过计算加速度传感器传回的数据,可以测得风板的角度,加速度与角度的关系式可以通过公式推导出来。

2. 风速控制

风速的快慢直接决定了系统风板角度的大小。通过 PID 调节,单片机输出 PWM 波形,可对风板进行快速、准确的调整。

通过不断调整 P(比例)、I(积分)、D(微分)值,系统的稳定性得到明显的提高,响应时间也加快了。由各个参数的控制规律可知,比例 P 使反应变快,微分 D 使反应提前,积分 I 使反应滞后。在一定范围内,P,D 值越大,调节的效果越好。

五、电路与程序设计

1. 硬件电路设计

系统总体框图如图 3 - 32 所示。

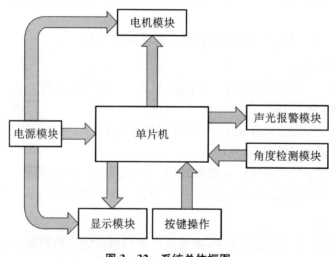

图 3 - 32　系统总体框图

2. 单片机最小系统设计

MSP430F149 单片机,其最小系统包括电源电路、复位电路、时钟电路,最小系统开发板如图 3 - 33 所示。

图 3-33　单片机最小系统开发板

3. 角度测量设计

本系统中要实时监控风板的角度,系统采用 MPU6050 传感器,通过计算可迅速得出测量的角度,从而反馈给单片机进行相应操作。

4. 显示模块设计

本系统采用 LCD12864 作为显示。

5. 直流风机驱动

电机驱动芯片 L298N 内部包含 4 通道逻辑驱动电路,是一种二相和四相电机的专用驱动器。L298 可驱动 2 个电机,OUT1、OUT2 和 OUT3、OUT4 之间分别接 2 个电动机。5、7、10、12 脚接输入控制电平,控制电机的正反转,ENA、ENB 接控制使能端,控制电机的停转。利用单片机产生的 PWM 信号接到 ENA、ENB 端子,对电机的转速进行调节。电机驱动电路板如图 3-34 所示。

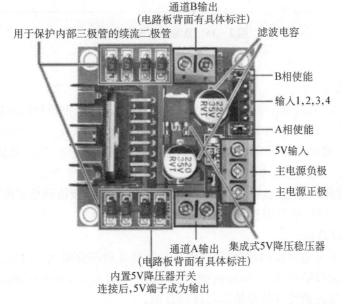

图 3-34　电机驱动电路板

6. 供电系统电路

在电子电路及设备中,一般都需要稳定的直流电源供电。小功率的稳压电源的组成如图 3-35 所示,它由电源变压器、整流电路、滤波电路和稳压电路四部分组成。直流稳压电源电路如图 3-36 所示。

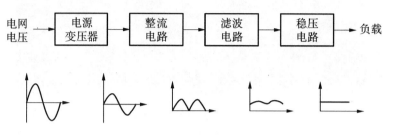

图 3-35 稳压电源的组成图

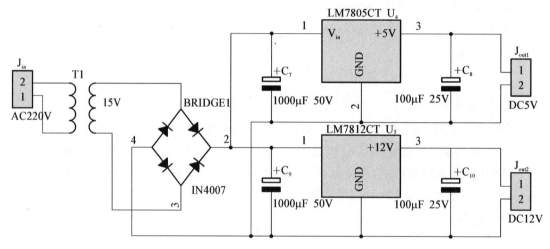

图 3-36 直流稳压电源电路图

7. 程序设计

(1) 程序功能描述

根据设计要求,软件部分主要实现风机转速控制以及声光报警与液晶显示。

① 风机转速控制部分:在键盘按下设定风板的角度后,风板 15 s 内处于指定位置并稳定 5 秒以上,上下波动不超过 5°,根据传感器测出的距离通过 PID 算法调整风机转速来调整风板的位置。

② 键盘设置部分:在键盘按下后,风机达到相应转速,风板达到指定位置。

③ 液晶显示部分:液晶器显示风板位置及维持时间。

(2) 程序设计思路

系统程序主要由角度检测部分、PID 调节部分和显示部分组成。设定需求角度,通过获取测量角度值来反馈给单片机,单片机做出相应的 PWM 调节,从而达到需求的角度。同时液晶将对实时采集的角度和按键值信息进行显示。

(3) 程序流程图

程序总体流程图如图 3-37 所示,PWM 控制流程图如图 3-38 所示,12864 液晶显示电路流程图如图 3-39 所示。

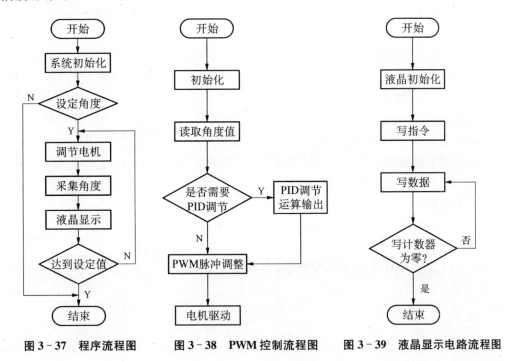

图 3-37　程序流程图　　　图 3-38　PWM 控制流程图　　　图 3-39　液晶显示电路流程图

 习题与思考三

3.1　单相交流调压电路,负载阻抗角为 $30°$,问控制角 α 的有效移相范围有多大?

3.2　单相交流调压主电路中,对于电阻-电感负载,为什么晶闸管的触发脉冲要用宽脉冲或脉冲列?

3.3　一台 220 V/10 kW 的电炉,采用单相交流调压电路,现使其工作在功率为 5 kW 的电路中,试求电路的控制角 α、工作电流以及电源侧功率因数。

3.4　单相交流调压电路如图所示,$U_2 = 220$ V,$L = 5.516$ mH,$R = 1$ Ω,试求:

(1) 控制角 α 的移相范围。

(2) 负载电流最大有效值。

(3) 最大输出功率和功率因数。

3.5　KC04 移相触发器包括哪些基本环节?

3.6　说明 8031 单片机组成的三相桥式全控整流电路的触发系统工作原理。

3.7　带电阻性负载三相半波相控整流电路,如触

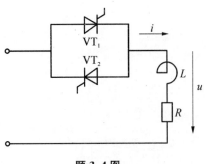

题 3.4 图

发脉冲左移到自然换流点之前 $15°$ 处,分析电路工作情况,画出触发脉冲宽度分别为 $10°$ 和 $20°$ 时负载两端的电压 u_d 波形。

3.8   三相半波相控整流电路带大电感负载,$R_d = 10\ \Omega$,相电压有效值 $U_2 = 220\ V$。求 $\alpha = 45°$ 时负载直流电压 U_d、流过晶闸管的平均电流 I_{dT} 和有效电流 I_T,画出 u_d、i_{T2}、u_{T3} 的波形。

3.9   在题 3.9 图所示电路中,当 $\alpha = 60°$ 时,画出下列故障情况下的 u_d 波形。

（1）熔断器 1FU 熔断。

（2）熔断器 2FU 熔断。

（3）熔断器 2FU、3FU 同时熔断。

3.10   三相桥式全控整流电路带大电感负载,负载电阻 $R_d = 4\ \Omega$,要求 U_d 在 $0 \sim 220\ V$ 变化。试求：

（1）不考虑控制角裕量时整流变压器的二次线电压。

（2）计算晶闸管电压、电流值,如电压、电流取 2 倍裕量,选择晶闸管型号。

3.11   请上网查阅有关双向晶闸管的命名及型号含义。

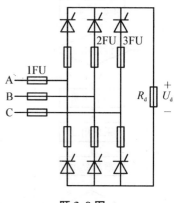

题 3.9 图

项目四　开关电源

项目描述

　　开关电源是一种高效率、高可靠性、小型化、轻型化的稳压电源，是电子设备的主流电源，广泛应用于生活、生产、军事等各个领域。各种计算机设备、办公自动化设备、彩色电视机等家用电器都大量采用了开关电源。图 4－1 是常见的 PC 主机开关电源。

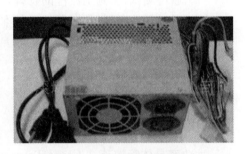

图 4－1　PC 主机开关电源

　　PC 主机开关电源的基本作用就是将交流电网的电能转换为适合各个配件使用的低压直流电供给整机使用。一般有四路输出，分别是＋5 V、－5 V、＋12 V、－12 V。

　　开关电源的原理框图如图 4－2 所示，输入电压为 AC220 V，50 Hz 的交流电，经过滤波，再由整流桥整流后变为 300 V 左右的高压直流电，然后通过功率开关管的导通与截止，将直流电压变成连续的脉冲，再经变压器隔离降压及输出滤波后变为低压的直流电。开关管的导通与截止由 PWM（脉冲宽度调制）控制电路发出的驱动信号控制。开关电源中，开关管通断频率很高，经常使用的是全控型器件，如 GTR、MOSFET、IGBT 等。

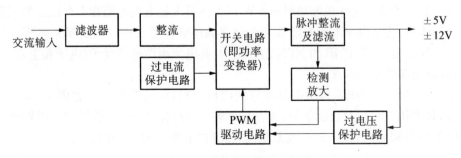

图 4－2　开关电源的原理框图

任务一 GTR、MOSFET、IGBT、GTO 及其测试

一、任务描述与目标

前面分析的电路中,用到的普通晶闸管和双向晶闸管都属于半控型器件,即通过控制信号可以控制其导通而不能控制其关断的器件。这类器件在用于直流输入电压的电路,如DC/DC 变换电路、逆变电路中时,存在如何将器件关断的问题。全控型器件,控制极不仅可以控制导通,而且可以控制关断的器件,也称自关断器件,从根本上解决了开关切换和换流的问题。本次任务主要介绍 GTR、MOSFET、IGBT、GTO 四种全控型器件及其测试,任务目标如下。

(1) 观察 GTR、MOSFET、IGBT、GTO 的外形,认识器件的外形结构、端子及型号;

(2) 通过测试,会判别器件的管脚,判断器件的好坏;

(3) 通过器件选择,掌握器件的基本参数;

(4) 学会使用单片机设计电路。

二、相关知识

(一) 大功率晶体管(GTR)

大功率晶体管按英文 Giant Transistor 直译为巨型晶体管,也叫电力晶体管,是一种耐高电压、大电流的双极结型晶体管(Bipolar Junction Transistor, BJT),所以有时也称为Power BJT。它具有耐压高、电流大、开关特性好、饱和压降低、开关时间短、开关损耗小等特点,在电源、电机控制、通用逆变器等中等容量、中等频率的电路中应用广泛。但由于其驱动电流较大、耐浪涌电流能力差、易受二次击穿而损坏的缺点,正逐步被功率 MOSFET 和IGBT 所代替。

1. GTR 的结构和工作原理

(1) GTR 基本结构及测试

通常把集电极最大允许耗散功率在 1 W 以上或最大集电极电流在 1 A 以上的三极管称为大功率晶体管,其结构和工作原理都和小功率晶体管非常相似。大功率晶体管由 3 层半导体、2 个 PN 结组成,有 PNP 和 NPN 两种结构,其电流由两种载流子(电子和空穴)的运动形成,所以称为双极型晶体管。

图 4 - 3(a)所示为 NPN 型功率晶体管的内部结构,电气图形符号如图 4 - 3(b)所示。大多数 GTR 是用三重扩散法制成的,或者是在集电极高掺杂的 N^+ 硅衬底上用外延生长法生长一层 N 漂移层,然后在上面扩散 P 基区,接着扩散掺杂的 N^+ 发射区。

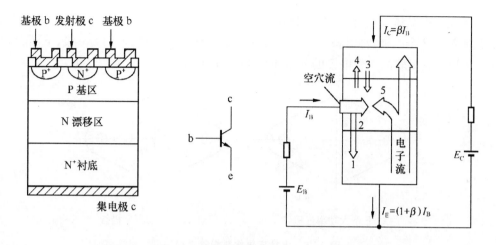

（a）GTR 的结构　　（b）电气图形符号　　（c）内部载流子的流动

图 4－3　GTR 结构、符号、载流子流动示意图

大功率晶体管通常采用共发射极接法，图 4－3(c)所示为共发射极接法时的功率晶体管内部主要载流子流动示意图。图中，1 为从基极注入的越过正向偏置发射结的空穴，2 为与电子复合的空穴，3 为因热骚动产生的载流子构成的集电结漏电流，4 为越过集电极电流的电子，5 为发射极电子流在基极中因复合而失去的电子。

一些常见大功率晶体三极管的外形如图 4－4 所示。从图可见，大功率晶体管的外形除体积比较大外，其外壳上都有安装孔或安装螺钉，便于将三极管安装在外加的散热器上。因为对大功率三极管来讲，单靠外壳散热是远远不够的。例如，50 W 的硅低频大功率晶体管，如果不加散热器工作，其最大允许耗散功率仅为 2～3 W。

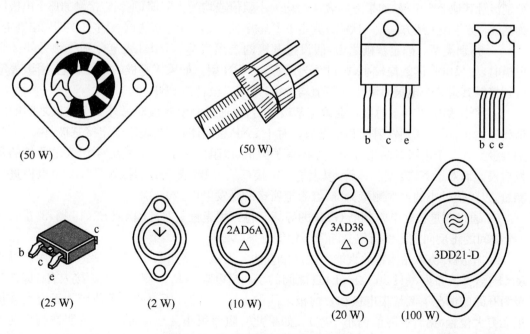

图 4－4　大功率晶体三极管的外形图

对于大功率晶体三极管,外形一般分为 F 型、G 型两种。如图 4-5(a)所示,F 型管从外形上只能看到 2 个电极,将引脚底面朝上,2 个电极引脚置于左侧,上面为 e 极,下面为 b 极,底座为 c 极。G 型管的 3 个电极的分布如图 4-5(b)所示。

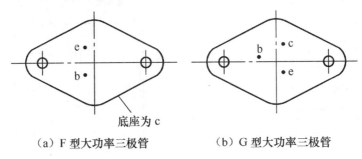

（a）F 型大功率三极管　　　　　　（b）G 型大功率三极管

图 4-5　大功率晶体三极管电极识别

（2）工作原理

在电力电子技术中,GTR 主要工作在开关状态。晶体管通常连接成共发射极电路,NPN 型 GTR 通常工作在正偏($I_B>0$)时,大电流导通;反偏($I_B<0$)时处于截止高电压状态。因此,给 GTR 的基极施加幅度足够大的脉冲驱动信号,它将工作于导通和截止的开关工作状态。

（3）GTR 的测试

① 用万用表判别大功率晶体管的电极和类型。假若不知道管子的引脚排列,则可用万用表通过测量电阻的方法做出判别。

* 判定基极。大功率晶体管的漏电流一般都比较大,所以用万用表来测量其极间电阻时,应采用满度电流比较大的低电阻挡为宜。

测量时将万用表置于 $R\times 1$ 挡或 $R\times 10$ 挡,一表笔固定接在管子的任一电极,用另一表笔分别接触其他 2 个电极,如果万用表读数均为小阻值或均为大阻值,则固定接触的那个电极即为基极。如果按上述方法做一次测试判定不了基极,则可换一个电极再试,最多 3 次即做出判定。

* 判别类型。确定基极之后,假设接基极的是黑表笔,而用红表笔分别接触另外 2 个电极时,如果电阻读数均较小,则可认为该管为 NPN 型。如果接基极的是红表笔,用黑表笔分别接触其余 2 个电极时测出的阻值均较小,则该三极管为 PNP 型。

* 判定集电极和发射极。在确定基极之后,再通过测量基极对另外 2 个电极之间的阻值比较大小,可以区别发射极和集电极。对于 PNP 型晶体管,红表笔固定接基极,黑表笔分别接触另外 2 个电极时测出 2 个大小不等的阻值,以阻值较小的接法为准,黑表笔所接的是发射极。而对于 NPN 型晶体管,黑表笔固定接基极,用红表笔分别接触另外 2 个电极进行测量,以阻值较小的这次测量为准,红表笔所接的是发射极。

② 通过测量极间电阻判断 GTR 的好坏。将万用表置于 $R\times 1$ 挡或 $R\times 10$ 挡,测量管子 3 个极间的正反向电阻便可以判断管子性能好坏。

③ 检测大功率晶体管放大能力的简单方法。测试电路如图 4-6 所示。将万用表置于 $R\times 1$ 挡,并准备好一只 500 Ω～1 kΩ 之间的小功率电阻器 R_b。测试时先不接入 R_b,即在基极为开路的情况下测量集电极和发射极之间的电阻,此时万用表的指示值应为无穷大或接近无穷大位置(锗管的阻值稍小一些)。如果此时阻值很小甚至接近于零,说明被测大功率晶体管穿透电流太大或已击穿损坏,应将其剔除。然后将电阻 R_b 接在被测管的基极和集电

极之间,此时万用表指针将向右偏转,偏转角度越大,说明被测管的放大能力越强。

如果接入 R_b 与不接入 R_b 时比较,万用表指针偏转大小差不多,则说明被测管的放大能力很小,甚至无放大能力,这样的三极管不能使用。

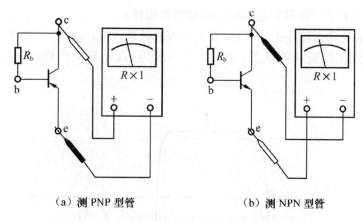

(a) 测 PNP 型管　　　　　　(b) 测 NPN 型管

图 4-6　检测大功率晶体管放大能力示意图

④ 测量共发射极直流电流放大系数 h_{FE}。GTR 的 h_{FE} 测量电路如图 4-7 所示。这里要求 12 V 的直流稳压电源额定输出电流大于 600 mA;限流电阻 R 为 20 Ω($\pm5\%$),功率≥5 W;二极管 VD 选用 2CP 或 2CK 型硅二极管。基极电流用万用表的 DC 100 mA 挡测量。此测量电路能基本上满足的测试条件为 $U_{CE}\approx1.5\sim2$ V;$I_C\approx500$ mA。

操作方法:先不接万用表,按图 4-7 所示电路连接好后合上开关 S。然后用万用表的红、黑表笔去接触 A、B 端,即可读出基极电流 I_B。于是 h_{FE} 可按下式算出

$$h_{FE}=\frac{I_C}{I_B}$$

式中 I_B 单位为 mA,I_C 为 500 mA(测试条件)。例如,测得 $I_B=20$ mA,可算出 $h_{FE}=500/20=25$。

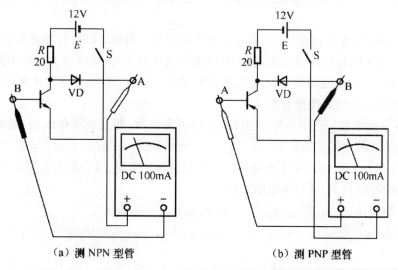

(a) 测 NPN 型管　　　　　　(b) 测 PNP 型管

图 4-7　直流电流放大系数 h_{FE} 测量

2. GTR 的特性与主要参数

（1）GTR 的基本特性。

① 静态特性，可分为 3 个工作区：截止区、放大区、饱和区。GTR 用作开关时，应工作在深度饱和状态，这有利于降低 U_{CES} 和减小导通时的损耗。

② 动态特性。动态特性描述 GTR 开关过程的瞬态性能，又称开关特性。GTR 在实际应用中，通常工作在频繁开关状态。图 4 - 8 所示为 GTR 开关特性的基极、集电极电流波形。

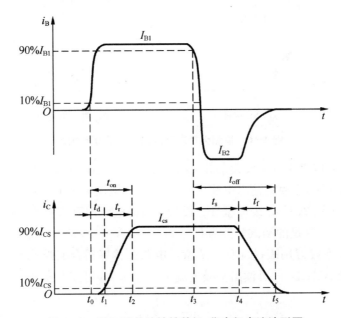

图 4 - 8　GTR 开关特性的基极、集电极电流波形图

整个工作过程分为开通过程、导通状态、关断过程、阻断状态 4 个不同的阶段。图 4 - 8 中开通时间 t_{on} 对应着 GTR 由截止到饱和的开通过程，关断时间 t_{off} 对应着 GTR 饱和到截止的关断过程。

GTR 在关断时漏电流很小，导通时饱和压降很小。因此，GTR 在导通和关断状态下损耗都很小，但在关断和导通的转换过程中，电流和电压都较大，所以开关过程中损耗也较大。当开关频率较高时，开关损耗是总损耗的主要部分。因此，缩短开通和关断时间对降低损耗、提高效率和运行可靠性很有意义。

（2）GTR 的参数。这里主要讲述 GTR 的极限参数，即最高工作电压、最大工作电流、最大耗散功率和最高工作结温等。

① 最高工作电压。GTR 上所施加的电压超过规定值时，就会发生击穿。击穿电压不仅和晶体管本身特性有关，还与外电路接法有关。

电压参数有：$U_{(BR)CBO}$、$U_{(BR)CEO}$、$U_{(BR)CER}$、$U_{(BR)CES}$、$U_{(BR)CEX}$。

其中 $U_{(BR)CBO} > U_{(BR)CEX} > U_{(BR)CES} > U_{(BR)CER} > U_{(BR)CEO}$，实际使用时，为确保安全，最高工作电压要比 $U_{(BR)CEO}$ 低得多。

② 集电极最大允许电流 I_{CM}。GTR 流过的电流过大，会使 GTR 参数劣化，性能将变得

不稳定,尤其是发射极的集边效应可能导致 GTR 损坏。实际使用时还要留有较大的安全余量,一般只能用到 I_{CM} 值的一半或稍多些。

③ 集电极最大耗散功率 P_{CM}。集电极最大耗散功率是在最高工作温度下允许的耗散功率,用 P_{CM} 表示。它是 GTR 容量的重要标志。晶体管功耗的大小主要由集电极工作电压和工作电流的乘积来决定,它将转化为热能,使晶体管升温,晶体管会因温度过高而损坏。实际使用时,集电极允许耗散功率和散热条件与工作环境温度有关。所以在使用中应特别注意值 I_C 不能过大,散热条件要好。

④ 最高工作结温 T_{JM}。GTR 结温过高时,会导致热击穿而烧坏。

3. GTR 命名及型号含义

(1) 国产晶体三极管的型号及命名。国产晶体三极管的型号及命名通常由以下 4 部分组成。

① 第一部分,用 3 表示三极管的电极数目。

② 第二部分,用 A、B、C、D 字母表示三极管的材料和极性。其中 A 表示三极管为 PNP 型锗管,B 表示三极管为 NPN 型锗管,C 表示三极管为 PNP 型硅管,D 表示三极管为 NPN 型硅管。

③ 第三部分,用字母表示三极管的类型。X 表示低频小功率管,G 表示高频小功率管,D 表示低频大功率管,A 表示高频大功率管。

④ 第四部分,用数字和字母表示三极管的序号和挡级,用于区别同类三极管器件的某项参数的不同。现举例说明如下。

3DD102B——NPN 低频大功率硅三极管;

3AD30C——PNP 低频大功率锗三极管;

3AA1——PNP 高频大功率锗三极管。

(2) 日本半导体分立器件型号命名方法。日本生产的半导体分立器件,由 5～7 部分组成。通常只用到前 5 部分,其各部分的符号意义见表 4-1 所示。

表 4-1　日本半导体分立器件型号命名方法

第一部分	第二部分	第三部分	第四部分	第五部分
2 表示三极或具有 2 个 PN 结的其他器件	S 表示已在日本电子工业协会 JEIA 注册登记的半导体分立器件	A 表示 PNP 型高频管	用数字表示在日本电子工业协会 JEIA 登记的顺序号	A、B、C、D、E、F 表示这一器件是原型号产品的改进产品
		B 表示 PNP 型低频管		
		C 表示 NPN 型高频管		
		D 表示 NPN 型低频管		

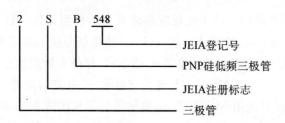

(3) 美国半导体分立器件型号命名方法。美国晶体管或其他半导体器件的命名法较混

乱。美国电子工业协会半导体分立器件命名方法见表 4-2 所示。

表 4-2　美国半导体分立器件型号命名方法

第一部分	第二部分	第三部分	第四部分	第五部分
用符号表示器件用途的类型，JAN 表示军级、JANTX 表示特军级、JANTXV 表示超特军级、JANS 表示宇航级、(无)表示非军用品	2 表示三极管	N 表示该器件已在美国电子工业协会（EIA）注册登记	美国电子工业协会登记顺序号	用字母表示器件分档

如 2N6058 表示已在美国电子工业协会(EIA)注册登记的三极管了。

（4）国际电子联合会半导体器件型号命名方法。德国、法国、意大利、荷兰、比利时等欧洲国家以及匈牙利、罗马尼亚、南斯拉夫、波兰等东欧国家，大都采用国际电子联合会半导体分立器件型号命名方法。这种命名方法由 4 个基本部分组成，各部分的符号及意义见表 4-3 所示。

表 4-3　国际电子联合会半导体器件型号命名方法

第一部分	第二部分	第三部分	第四部分
A 表示锗材料 B 表示硅材料	C 表示低频小功率三极管 D 表示低频大功率三极管 F 表示高频小功率三极管 L 表示高频大功率三极管 S 表示小功率开关管 U 表示大功率开关管	用数字或字母加数字表示登记号	A、B、C、D、E 表示同一型号的器件按某一参数进行分档的标志

如 BDX51 表示 NPN 硅低频大功率三极管。

（二）功率场效应晶体管（Power MOSFET）

功率场效应晶体管（Power MOSFET）也叫电力场效应晶体管，是一种单极型的电压控制器件，不但有自关断能力，而且有驱动功率小、开关速度快、安全工作区宽等特点。由于其易于驱动和开关频率可高达 500kHz，特别适于高频化电力电子装置，如应用于 DC/DC 变换、开关电源、便携式电子设备、航空航天以及汽车等电子电器设备中。但因为其电流、热容量小，耐压低，一般只适用于小功率电力电子装置。

1. 功率 MOSFET 的结构及工作原理

（1）功率 MOSFET 结构。功率场效应晶体管是压控型器件，其门极控制信号是电压。它的 3 个极分别是：栅极（G）、源极（S）、漏极（D）。功率场效应晶体管有 N 沟道和 P 沟道两种。N 沟道中载流子是电子，P 沟道中载流子是空穴，都是多数载流子。其中每一类又可分为增强型和耗尽型两种。功率 MOSFET 绝大多数是 N 沟道增强型，这是因为电子作用比空穴大得多。N 沟道和 P 沟道 MOSFET 的电气图形符号如图 4-9 所示。

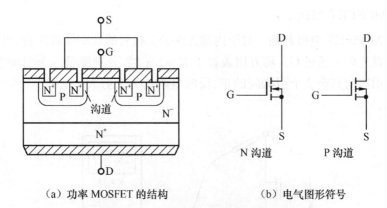

(a) 功率 MOSFET 的结构　　　　　(b) 电气图形符号

图 4 - 9　功率 MOSFET 的结构及符号

功率场效应晶体管与小功率场效应晶体管原理基本相同,但是为了提高电流容量和耐压能力,在芯片结构上却有很大不同,功率场效应晶体管采用小单元集成结构来提高电流容量和耐压能力,并且采用垂直导电排列来提高耐压能力。几种功率场效应晶体管的外形如图 4 - 10 所示。大多数功率场效应晶体管的引脚位置排列顺序是相同的,即从场效应晶体管的底部(管体的背面)看,按逆时针方向依次为漏极 D、源极 S、栅极 G_1 和栅极 G_2。因此,只要用万用表测出漏极 D 和源极 S,即可找出 2 个栅极。

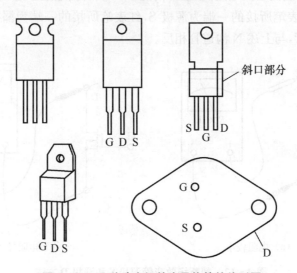

图 4 - 10　几种功率场效应晶体管的外形图

(2) 工作原理。当 D、S 加正电压(漏极为正,源极为负),$U_{GS}=0$ 时,P 体区和 N 漏区的 PN 结反偏,D、S 之间无电流通过。如果在 G、S 之间加一正电压 U_{GS},由于栅极是绝缘的,所以不会有电流流过,但栅极的正电压会将其下面 P 区中的空穴推开,而将 P 区中的少数载流子电子吸引到栅极下面的 P 区表面。当 U_{GS} 大于某一电压 U_T 时,栅极下 P 区表面的电子浓度将超过空穴浓度,从而使 P 型半导体反型成 N 型半导体而成为反型层,该反型层形成 N 沟道而使 PN 结 J_1 消失,漏极和源极导电。电压 U_T 称开启电压或阈值电压,U_{GS} 超过 U_T 越多,导电能力越强,漏极电流越大。

2. 功率 MOSFET 测试

（1）功率 MOSFET 电极判别。对于内部无保护二极管的功率场效应管，可通过测量极间电阻的方法首先确定栅极 G。将万用表置于 $R \times 1$ k 挡，分别测量 3 个引脚之间的电阻，如果测得某个引脚与其余 2 个引脚间的正、反向电阻均为无穷大，则说明该引脚就是 G，如图 4-11 所示。

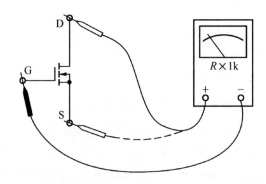

图 4-11 判断栅极 G 的方法

然后确定源极 S 和漏极 D。将万用表置于 $R \times 1$ k 挡，先将被测管 3 个引脚短接一下，接着以交换表笔的方法测 2 次电阻，在正常情况下，2 次所测电阻必定一大一小，其中阻值较小的一次测量中，黑表笔所接的一端为源极 S，红表笔所接的一端为漏极 D，如图 4-12 所示。对于 P 沟道型管，与上述 N 沟道管相反。

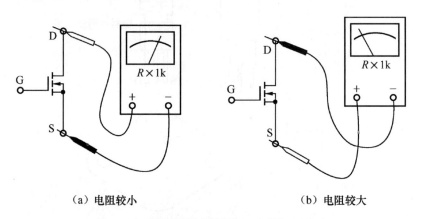

（a）电阻较小　　　　　　　　　　　　（b）电阻较大

图 4-12 判断场效应管源极 S 和漏极 D 方法

（2）判别功率场效应管好坏的简单方法。对于内部无保护二极管的功率场效应晶体管，可由万用表的 $R \times 10$ k 挡，测量栅极 G 与漏极 D 间、栅极 G 与源极 S 间的电阻，应均为无穷大。否则，说明被测管性能不合格，甚至已经损坏。

下述检测方法则不论内部有无保护二极管的管子均适用，具体操作如下（以 N 沟道场效应管为例）。

① 将万用表置于 $R \times 1$ k 挡，再将被测管 G 与 S 短接一下，然后红表笔接被测管的 D 极，黑表笔接 S 极，此时所测电阻应为数千欧。如果阻值为 0 或无穷大，说明管子已坏。

② 将万用表置于 $R \times 10$ k 挡,再将被测管 G 极与 S 极用导线短接好,然后红表笔接被测管的 S 极,黑表笔接 D 极,此时万用表指示应接近无穷大,如图 4-13 所示,否则说明被测 VMOS 管内部 PN 结的反向特性比较差。如果阻值为 0,说明被测管已经损坏。

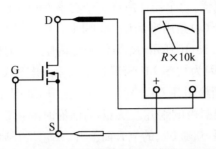

图 4-13 测 S、D 间电阻判断场效应管是否正常

③ 测试放大能力。建议采用专业的场效应管测试仪进行检测,具体方法可通过上网查看相关视频。

3. 功率 MOSFET 的特性与参数

(1) 功率 MOSFET 的特性。

① 转移特性。I_D 和 U_{GS} 的关系曲线反映了输入电压和输出电流的关系,称为 MOSFET 的转移特性,如图 4-14(a) 所示。从图中可知,I_D 较大时,I_D 与 U_{GS} 的关系近似线性,曲线的斜率被定义为功率 MOSFET 的跨导,即:

$$G_{FS} = \frac{\mathrm{d}I_D}{\mathrm{d}U_{GS}}$$

MOSFET 是电压控制型器件,其输入阻抗极高,输入电流非常小。

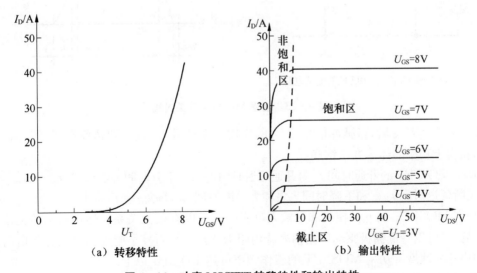

图 4-14 功率 MOSFET 转移特性和输出特性

② 输出特性。图 4-14(b) 所示为 MOSFET 的漏极伏安特性,即输出特性。从图中可以看出,MOSFET 有 3 个工作区:截止区、饱和区(当用作线性放大时,功率 MOSFET 工作

在该区)、非饱和区(当功率 MOSFET 作开关应用而导通时,即工作在该区)。

在制造功率 MOSFET 时,为提高跨导并减少导通电阻,在保证所需耐压的条件下,应尽量减小沟道长度。因此,每个功率 MOSFET 元都要做得很小,每个元能通过的电流也很小。为了能使器件通过较大的电流,每个器件由许多个功率 MOSFET 元组成。

③ 开关特性。图 4-15(a)是用来测试 MOSFET 开关特性的电路。图中 U_P 为矩形脉冲电压信号源,波形如图 4-15(b)所示,R_S 为信号源内阻,R_G 为栅极电阻,R_L 为漏极负载电阻,R_F 用于检测漏极电流。因为功率 MOSFET 存在输入电容 C_{in},所以当脉冲电压 u_P 的前沿到来时,C_{in} 有充电过程,栅极电压 U_{GS} 呈指数曲线上升,如图 4-15(b)所示。当 U_{GS} 上升到开启电压 U_T 时,开始出现漏极电流 i_D。从 U_P 的前沿时刻到 $U_{GS}=U_T$ 的时刻,这段时间称为开通延迟时间 $t_{d(on)}$。此后,i_D 随 U_{GS} 的上升而上升。U_{GS} 从开启电压上升到功率 MOSFET 进入非饱和区的栅压 U_{GSP},这段时间称为上升时间 t_r,这时相当于大功率晶体管的临界饱和,漏极电流 i_D 也达到稳态值。i_D 的稳态值由漏极电压和漏极负载电阻所决定,U_{GSP} 的大小和 i_D 的稳态值有关。

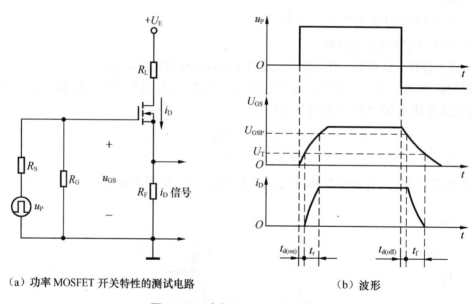

(a) 功率 MOSFET 开关特性的测试电路　　　　　　(b) 波形

图 4-15　功率 MOSFET 开关过程

U_{GS} 的值达 U_{GSP} 后,在脉冲信号源 U_P 的作用下继续升高,直至到达稳态值,但 i_D 已不再变化,相当于功率晶体管处于饱和。

功率 MOSFET 的开通时间 t_{on} 为开通延迟时间 $t_{d(on)}$ 与上升时间 t_r 之和,即 $t_{on}=t_{d(on)}+t_r$

关断延迟时间 $t_{d(off)}$ 和下降时间 t_f 之和为关断时间 t_{off},即 $t_{off}=t_{d(off)}+t_f$

功率 MOSFET 的开关速度和其输入电容的充放电有很大关系。使用者虽然无法降低其 C_{in} 值,但可以降低栅极驱动回路信号源内阻 R_S 的值,从而减小栅极回路的充放电时间常数,加快开关速度。功率 MOSFET 的工作频率可达 100 kHz 以上。

功率 MOSFET 是场控型器件,在静态时几乎不需要输入电流。但是在开关过程中需要对输入电容充放电,仍需要一定的驱动功率。开关频率越高,所需要的驱动功率越大。

(2) 功率 MOSFET 的主要参数。

① 漏极电压 U_{DS}。它就是 MOSFET 的额定电压,选用时必须留有较大安全余量。

② 漏极最大允许电流 I_{DM}。它就是 MOSFET 的额定电流,其大小主要受管子的温升限制。

③ 栅源电压 U_{GS}。栅极与源极之间的绝缘层很薄,承受电压很低,一般不得超过 20 V,否则绝缘层可能被击穿而损坏,使用中应加以注意。

总之,为了安全可靠,在选用 MOSFET 时,对电压、电流的额定等级都应留有较大余量。

4. MOSFET 命名及型号含义

(1) 国产场效应晶体管的型号及命名。国产场效应晶体管的第一种命名方法与晶体三极管相同,第一位数字表示电极数目,第二位字母代表材料(D 表示 P 型硅,反型层是 N 沟道,C 表示 N 型硅 P 沟道,第三位字母 J 代表结型场效应管,O 代表绝缘栅场效应管。例如 3DJ6D 是结型 N 沟道场效应三极管,3DO6C 是绝缘栅型 N 沟道场效应三极管。第二种命名方法是 CS××♯,CS 代表场效应管,×× 以数字代表型号的序号,♯ 用字母代表同一型号中的不同规格。例如 CS14A、CS45G 等。

(2) 美国晶体管型号命名法。美国晶体管型号命名法规定较早,又未做过改进,型号内容很不完备。对于材料、极性、主要特性和类型,在型号中不能反映出来。例如,2N 开头的既可能是一般晶体管,也可能是场效应管。因此,仍有一些厂家按自己规定的型号命名法命名。

① 组成型号的第一部分是前缀,第五部分是后缀,中间的三部分为型号的基本部分。

② 除去前缀以外,凡型号以 1N、2N 或 3NLL 开头的晶体管分立器件,大都是美国制造的,或按美国专利在其他国家制造的产品。

③ 第四部分数字只表示登记序号,而不含其他意义。因此,序号相邻的两器件可能特性相差很大。例如,2N3464 为硅 NPN 高频大功率管,而 2N3465 为 N 沟道场效应管。

④ 不同厂家生产的性能基本一致的器件,都使用同一个登记号。同一型号中某些参数的差异常用后缀字母表示。因此,型号相同的器件可以通用。

⑤ 登记序号数大的通常是近期产品。

(三)绝缘门极晶体管(IGBT)

绝缘门极晶体管(Insulated Gate Bipolar Transistor,IGBT)也称绝缘栅极双极型晶体管,是一种新发展起来的复合型电力电子器件。由于它结合了 MOSFET 和 GTR 的特点,既具有输入阻抗高、速度快、热稳定性好和驱动电路简单的优点,又具有输入通态电压低、耐压高和承受电流大的优点,非常适合应用于直流电压为 600 V 及以上的变流系统,如交流电机、变频器、开关电源、照明电路、牵引传动等领域。

1. IGBT 的结构和基本工作原理

(1) IGBT 的基本结构。IGBT 也是三端器件,它的 3 个极为漏极(D)、栅极(G)和源极(S),有时也将 IGBT 的漏极称为集电极(C),源极称为发射极(E)。图 4-16(a)所示为一种由 N 沟道功率 MOSFET 与晶体管复合而成的 IGBT 的基本结构。IGBT 比功率 MOSFET 多一层 P$^+$ 注入区,因而形成了一个大面积的 P$^+$N$^+$ 结 J$_1$,这样使得 IGBT 导通时由 P$^+$ 注入区向 N 基区发射少数载流子,从而对漂移区电导率进行调制,使得 IGBT 具有很强的通流能力。其简化等值电路如图 4-16(b)所示。可见,IGBT 是以 GTR 为主导器件,MOSFET 为驱动器件的复合管,图中 R_N 为晶体管基区内的调制电阻。图 4-16(c)所示为 IGBT 的电气图形符号。

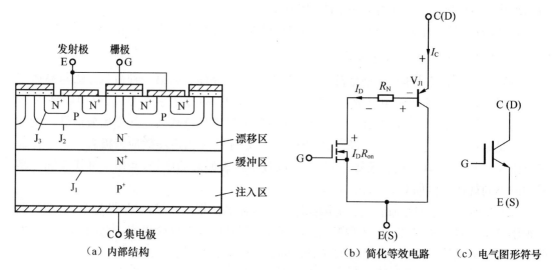

（a）内部结构　　　（b）简化等效电路　　（c）电气图形符号

图 4-16　IGBT 的基本结构、简化等值电路和电气图形符号

IGBT 外形如图 4-17 所示。对于 TO 封装的 IGBT 管的引脚排列是将引脚朝下,标有型号面朝自己,从左到右数,1 脚为栅极或称门极 G,2 脚为集电极 C,3 脚为发射极 E,如图 4-17(a)所示。对于 IGBT 模块,器件上一般标有引脚,如图 4-17(b)所示。

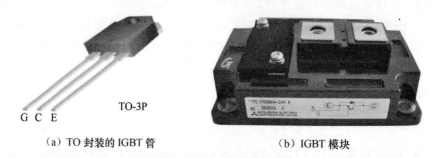

（a）TO 封装的 IGBT 管　　　　　（b）IGBT 模块

图 4-17　IGBT 外形如图

（2）工作原理。IGBT 的驱动原理与功率 MOSFET 基本相同,它是一种压控型器件。其导通和关断是由栅极和发射极间的电压 U_{GE} 决定的,当 U_{GE} 为正且大于开启电压 $U_{GE(th)}$ 时,MOSFET 内形成沟道,并为晶体管提供基极电流使其导通。当栅极与发射极之间加反向电压或不加电压时,MOSFET 内的沟道消失,晶体管无基极电流,IGBT 关断。

（3）IGBT 简单测试。（以 N 沟道 IGBT 为例）

① IGBT 管脚判别。将万用表拨到 $R×1$ k 挡,用万用表测量时,若某一极与其他两极阻值为无穷大,调换表笔后该极与其他两极间的阻值仍为无穷大,则判断此极为栅极（G）。其余两极再用万用表测量,若测得阻值为无穷大,调换表笔后测量阻值较小。在测量阻值较

小的一次中,则判断红表笔接的为集电极 C,黑表笔接的为发射极 E。

② IGBT 测试。判断好坏用万用表的 $R \times 10$ k 挡,将黑表笔接 IGBT 的集电极 C,红表笔接 IGBT 的发射极 E,此时万用表的指针在零位。用手指同时触及一下栅极 G 和集电极 C,这时 IGBT 被触发导通,万用表的指针摆向阻值较小的方向,并能指示在某一位置。然后再用手指同时触及一下栅极 G 和发射极 E,这时 IGBT 被阻断,万用表的指针回零。此时即可判断 IGBT 是好的。

2. IGBT 的基本特性与主要参数

(1) IGBT 的基本特性。

① 静态特性。与功率 MOSFET 相似,IGBT 的转移特性和输出特性分别描述器件的控制能力和工作状态。图 4-18(a)所示为 IGBT 的转移特性,它描述的是集电极电流 I_C 与栅射电压 U_{GE} 之间的关系,与功率 MOSFET 的转移特性相似。

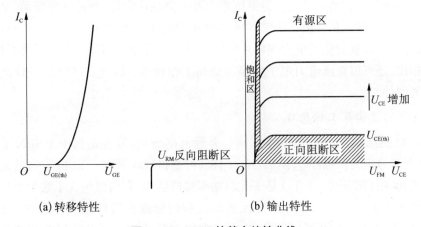

(a) 转移特性   (b) 输出特性

图 4-18 IGBT 的基本特性曲线

图 4-18(b)所示为 IGBT 的输出特性,也称伏安特性,它描述的是以栅射电压为参考变量时,集电极电流 I_C 与集射极间电压 U_{CE} 之间的关系。IGBT 的输出特性也分为 3 个区域:正向阻断区、有源区和饱和区。这分别与 GTR 的截止区、放大区和饱和区相对应。此外,当 $U_{CE} < 0$,IGBT 为反向阻断工作状态。在电力电子电路中,IGBT 工作在开关状态,因而是在正向阻断区和饱和区之间来回转换。

② 动态特性。IGBT 的开通过程与功率 MOSFET 的开通过程很相似,这是因为 IGBT 在开通过程中大部分时间是作为 MOSFET 来运行的,在此不再赘述。

(2) 主要参数。

① 集电极—发射极额定电压 U_{CES}。这个电压值是厂家根据器件的雪崩击穿电压而规定的,是栅极—发射极短路时 IGBT 能承受的耐压值,即 U_{CES} 值小于等于雪崩击穿电压。

② 栅极—发射极额定电压 U_{GES}。IGBT 是电压控制器件,通过加到栅极的电压信号控制 IGBT 的导通和关断,而 U_{GES} 就是栅极控制信号的电压额定值。目前,IGBT 的 U_{GES} 值大部分为 +20 V,使用中不能超过该值。

③ 额定集电极电流 I_C。该参数给出了 IGBT 在导通时能流过管子的持续最大电流。

3. IGBT 命名及型号含义

IGBT 管各国厂家的型号命名不尽相同,但大致有以下规律。

(1) 管子型号前半部分数字表示该管的最大工作电流值,如 G40××××、20N×××
×就分别表示其最大工作电流为 40 A、20 A。

(2) 管子型号后半部分数字则表示该管的最高耐压值,如 G×××150××、××N120
××就分别表示最高耐压值为 1.5 kV、1.2 kV。

(3) 管子型号后缀字母含"D",则表示该管内含阻尼二极管,但未标"D"并不一定是无阻
尼二极管,因此,在检修时一定要用万用表检测验证,避免出现不应有的损失。

(四) 可关断晶闸管(GTO)

可关断晶闸管(Gate Turn-Off Thyristor,GTO)也称门极可关断晶闸管,是一种具有自
关断能力的晶闸管。它的主要特点是既可用门极正向触发信号,使其触发导通,又可向门极
加负向触发电压使其关断。由于不需用外部电路强迫阳极电流为 0 而使之关断,仅由门极
触发信号去关断,这就简化了电力变换主电路,提高了工作的可靠性,减少了关断损耗,与普
通晶闸管相比,还可以提高电力电子变换的最高工作频率。因此,GTO 是一种比较理想的
大功率开关器件。

1. GTO 的结构及工作原理

(1) GTO 的结构。GTO 的基本结构与普通晶闸管相同,也是属于 PNPN 4 层 3 端器
件,其 3 个电极分别为阳极(A)、阴极(K)、门极(控制极,G),图 4-19 所示为可关断晶闸管
(GTO)的外形和图形符号。GTO 是多元的功率集成器件,它内部包含了数十个甚至是数百
个共阳极的 GTO 元,这些小的 GTO 元的阴极和门极则在器件内部并联在一起,且每个
GTO 元阴极和门极距离很短,有效地减小了横向电阻,因此,可以从门极抽出电流而使它
关断。

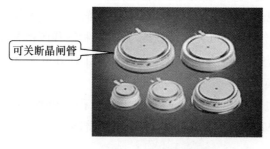

可关断晶闸管

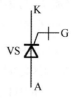

(a) GTO 的外形　　　　　　(b) GTO 的图形符号

图 4-19　GTO 的外形及符号

(2) GTO 的工作原理。GTO 的触发导通原理与普通晶闸管相似,阳极加正向电压,门
极加正触发信号后,使 GTO 导通,但是它的关断原理、方式与普通晶闸管大不相同。普通晶
闸管门极正信号触发导通后就处于深度饱和状态维持导通,除非阳、阴极之间正向电流小于
维持电流 I_H 或电源切断之后才会由导通状态变为阻断状态。而 GTO 导通后接近临界饱和

状态,可给门极加上足够大的负电压破坏临界状态使其关断。

2. GTO 的测试

(1) 电极判别。将万用表置于 $R\times10$ 挡或 $R\times100$ 挡,轮换测量可关断晶闸管的 3 个引脚之间的电阻,如图 4-20 所示。

电阻比较小的一对引脚是门极 G 和阴极 K。测量 G、K 之间的正、反向电阻,电阻指示值较小时红表笔所接的引脚为 K,黑表笔所接的引脚为 G,而剩下的引脚是 A。

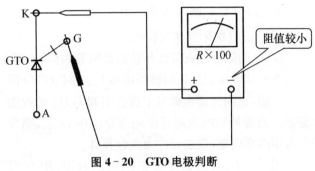

图 4-20　GTO 电极判断

(2) 可关断晶闸管好坏判别。

① 用万用表 $R\times10$ 挡或 $R\times100$ 挡测量晶闸管阳极 A 与阴极 K 之间的电阻,或测量阳极 A 与门极 G 之间的电阻。

结果:如果读数小于 1 kΩ,器件已击穿损坏。

原因:该晶闸管严重漏电。

② 用万用表 $R\times10$ 挡或 $R\times100$ 挡测量门极 G 与阴极 K 之间的电阻。

结果:如正反向电阻均为无穷大(∞),该管也已损坏。

原因:被测晶闸管门极、阴极之间断路。

(3) 可关断晶闸管触发特性检测的简易测试方法。如图 4-21 所示,将万用表置于 $R\times$ 1 挡,黑表笔接可关断晶闸管的阳极 A,红表笔接阴极 K,门极 G 悬空,这时晶闸管处于阻断状态,电阻应为无穷大,如图 4-21(a)所示。

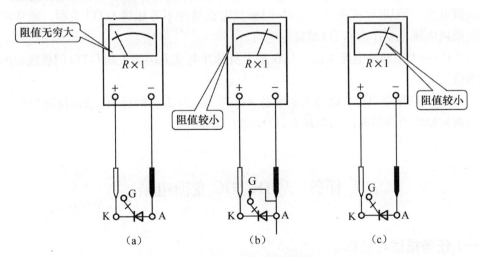

图 4-21　晶闸管触发特性简易测试方法

在黑表笔接触阳极 A 的同时也接触门极 G,于是门极 G 受正向电压触发(同样也是万用表内 1.5 V 电源的作用),晶闸管成为低阻导通状态,万用表指针应大幅度向右偏,如图

4 - 21(b)所示。

保持黑表笔接 A,红表笔接 K 不变,G 重新悬空(开路),则万用表指针应保持低阻指示不变,如图 4 - 21(c)所示,说明该可关断晶闸管能维持导通状态,触发特性正常。

(4) 测量可关断晶闸管的 β_{OFF} 值。采用专业测试仪进行测试,请上网查阅相关资料。

3. GTO 的特性与主要参数

(1) GTO 的阳极伏安特性。

GTO 的阳极伏安特性与普通晶闸管相似,如图 4 - 22 所示。

当外加电压超过正向转折电压 U_{DRM} 时,GTO 即正向开通,正向开通次数多了就会引起 GTO 的性能变差。但若外加电压超过反向击穿电压 U_{RRM},则发生雪崩击穿现象,造成元件永久性损坏。

用 90% U_{DRM} 值定义为正向额定电压,用 90% U_{RRM} 值定义为反向额定电压。

(2) GTO 的主要参数。GTO 的大多数参数如断态重复峰值电压 U_{DRM} 和反向重复峰值电压 U_{RRM} 以及通态平均电压 U_T 的定义都与普通型晶闸管相同,不过 GTO 承受反向电压的能力较小,一般 U_{RRM} 明显小于 U_{DRM},擎住电流 I_L 和维持电流 I_H 的定义也与普通型晶闸管相同,但对于同样电流容量的器件,

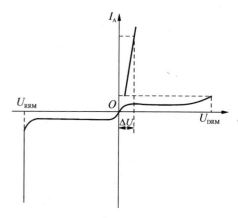

图 4 - 22 GTO 阳极伏安特性曲线

GTO 的 I_H 要比普通型晶闸管大得多。GTO 还有一些特殊参数,这里只讨论这些意义不同的参数。

① 最大可关断阳极电流 I_{ATO}。最大可关断阳极电流 I_{ATO} 是可以通过门极进行关断的最大阳极电流,当阳极电流超过 I_{ATO} 时,门极负电流脉冲不可能将 GTO 关断。通常将最大可关断阳极电流 I_{ATO} 作为 GTO 的额定电流。

② 门极最大负脉冲电流 I_{GRM}。门极最大负脉冲电流 I_{GRM} 为关断 GTO 门极施加的最大反向电流。

③ 电流关断增益 β_{OFF}。电流关断增益 β_{OFF} 为 I_{ATO} 与 I_{GRM} 的比值。β_{OFF} 反映门极电流对阳极电流控制能力的强弱,β_{OFF} 值越大,控制能力越强。

任务二   DC/DC 变换电路

一、任务描述与目标

开关电源可分为 AC/DC 和 DC/DC 两大类。DC/DC 已实现模块化,且设计技术及生产工艺在国内外已相对成熟和标准化,并得到用户的认可,因而应用较广。而 AC/DC 因其自身特点使其在模块化进程中,遇到较为复杂的技术和工艺,应用相对较少。本次任务

介绍 DC/DC 变换电路的基本概念和工作原理以及开关状态控制电路内容,任务目标如下。

(1) 熟悉 DC/DC 变换电路的基本概念;

(2) 能分析 DC/DC 变换电路和开关状态控制电路;

(3) 了解开关状态控制方式及 PWM 控制电路的基本构成和原理;

(4) 会调试 DC/DC 变换电路和开关状态控制电路;

(5) 在小组合作实施项目过程中培养与人合作的精神;

(6) 学会分析问题和解决问题的方法,强化安全用电意识,规范职业行为;

(7) 掌握单片机控制电路的设计。

二、相关知识

(一) DC/DC 电路的工作原理

DC/DC 电路也叫直流斩波电路,是将直流电压变换成固定的或可调的直流电压的电路。按输入、输出有无变压器可分为有隔离型、非隔离型两类,这里主要介绍非隔离型电路。

非隔离型电路根据电路形式的不同,可以分为降压式电路、升压式电路、升降压电路、库克式斩波电路和全桥式斩波电路。其中降压式和升压式斩波电路是基本形式,升降压式和库克式是它们的组合,而全桥式则属于降压式类型。下面重点介绍基本斩波器的工作原理和升压、降压斩波电路。

1. 基本斩波器的工作原理

最基本的直流斩波电路如图 4 - 23(a)所示,负载为纯电阻 R。当开关 S 闭合时,负载电压 $u_O=U_d$ 并持续时间 T_{ON};当开关 S 断开时,负载上电压 $u_O=0$ V 并持续时间 T_{OFF}。故 $T=T_{ON}+T_{OFF}$ 为斩波电路的工作周期,斩波器的输出电压波形如图 4 - 23(b)所示。

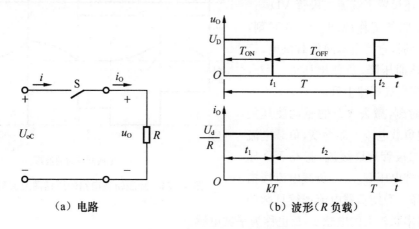

(a) 电路	(b) 波形(R 负载)

图 4 - 23　基本直流斩波电路及波形

若定义斩波器的占空比 $k=T_{ON}/T$,则由波形图上可得输出电压,得平均值为

$$U_O = \frac{T_{ON}}{T_{ON} + T_{OFF}} U_d = \frac{T_{ON}}{T} U_d = k U_d$$

只要调节 k，即可调节负载的平均电压。

占空比 k 的改变可以通过改变 T_{ON} 或 T_{OFF} 来实现，通常斩波器的工作方式有如下两种。

脉宽调制工作方式：维持 T 不变，改变 T_{ON}。

频率调制工作方式：维持 T_{ON} 不变，改变 T。

但被普遍采用的是脉宽调制工作方式，因为采用频率调制工作方式，容易产生谐波干扰，而且滤波器设计也比较困难。

2. 降压斩波电路

（1）电路的结构。降压斩波电路是一种输出电压的平均值低于输入直流电压的电路。它主要用于直流稳压电源和直流电机的调速。降压斩波电路的原理图如图 4-24(a) 所示。图中，U 为固定电压的直流电源，VT 为晶体管开关（可以是大功率晶体管，也可以是功率场效应晶体管）。L、R、电动机为负载，为在晶体管 VT 关断时给负载中的电感电流提供通道，还设置了续流二极管 VD。

（2）电路的工作原理。$t=0$ 时刻，驱动 VT 导通，直流电源向负载供电，忽略 VT 的导通压降，负载电压 $U_O = U$，负载电流按指数规律上升。

$t = t_1$ 时刻，撤去 VT 的驱动使其关断，因感性负载电流不能突变，负载电流通过续流二极管 VD 续流，忽略 VD 导通压降，负载电压 $U_O = 0$，负载电流按指数规律下降。为使负载电流连续且脉动小，一般需串联较大的电感 L，L 也称为平波电感。

$t = t_2$ 时刻，再次驱动 VT 导通，重复上述工作过程。

由前面的分析知，这个电路的输出电压平均值为：

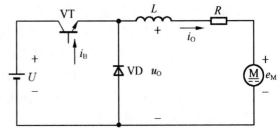

（a）电路图

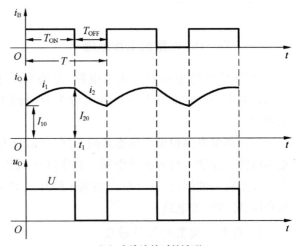

（b）电流连续时的波形

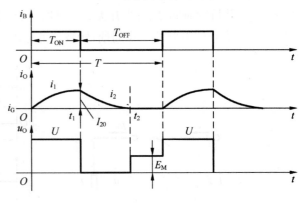

（c）电流断续时的波形

图 4-24　降压斩波电路的原理图及波形图

$$U_O = \frac{T_{ON}}{T_{ON} + T_{OFF}}U = \frac{T_{ON}}{T}U = kU$$

由于 $k<1$，所以 $U_O<U$，即斩波器输出电压平均值小于输入电压，故称为降压斩波电路。而负载平均电流为

$$I_O = \frac{U_O - U}{R}$$

当平波电感 L 较小时，在 VT 关断后，未到 t_2 时刻，负载电流已下降到零，负载电流发生断续。负载电流断续时，其波形如图 4-24(c)所示。由图可见，负载电流断续期间，负载电压 $u_O=e_M$。因此，负载电流断续时，负载平均电压 U_O 升高，带直流电动机负载时，特性变软，这是大家不希望的。所以在选择平波电感 L 时，要确保电流断续点不在电动机的正常工作区域。

3. 升压斩波电路

（1）电路的结构。升压斩波电路的输出电压总是高于输入电压。升压式斩波电路与降压式斩波电路最大的不同点是斩波控制开关 VT 与负载呈并联形式连接，储能电感与负载呈串联形式连接，升压斩波电路的原理图及工作波形图如图 4-25 所示。

（2）电路的工作原理。当 VT 导通时（T_{ON}），能量储存在 L 中。由于 VD 截止，所以 T_{ON} 期间负载电流由 C 供给。在 T_{OFF} 期间，VT 截止，储存在 L 中的能量通过 VD 传送到负载和 C，其电压的极性与 U 相同，且与 U 相串联，产生升压作用。如果忽略损耗和开关器件上的电压降，则有

$$U_O = \frac{T_{ON} + T_{OFF}}{T_{OFF}}U = \frac{T}{T_{OFF}}U = \frac{1}{1-k}U$$

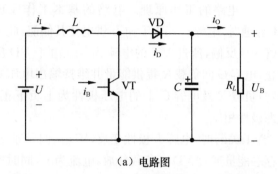

（a）电路图

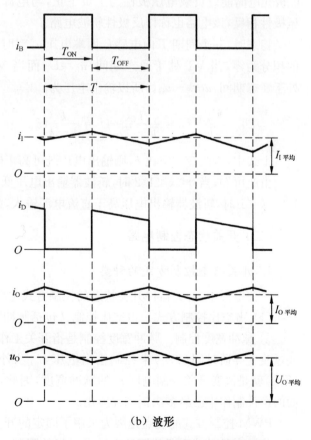

（b）波形

图 4-25　升压斩波电路的原理图及电路波形图

上式中的 T/T_{OFF} 表示升压比，调节其大小，即可改变输出电压 U_O 的大小。式中 $T/T_{OFF} \geqslant 1$，输出电压高于电源电压，故称该

电路为升压斩波电路。

4. 升降压斩波电路

（1）电路的结构。升降压斩波电路可以得到高于或低于输入电压的输出电压。电路原理图及波形图如图 4-26 所示，该电路的结构特征是储能电感与负载并联，续流二极管 VD 反向串联接在储能电感与负载之间。电路分析前可先假设电路中电感 L 很大，使电感电流 i_L 和电容电压及负载电压 u_O 基本稳定。

（2）电路的工作原理。电路的基本工作原理是 VT 导通时，电源 U 经 VT 向 L 供电使其储能，此时二极管 VD 反偏，流过 VT 的电流为 i_1。由于 VD 反偏截止，电容 C 向负载 R 提供能量并维持输出电压基本稳定，负载 R 及电容 C 上的电压极性为上负下正，与电源极性相反。

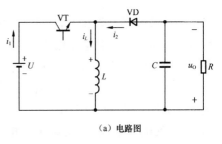

（a）电路图

VT 关断时，电感 L 极性变反，VD 正偏导通，L 中储存的能量通过 VD 向负载释放，电流为 i_2，同时电容 C 被充电储能。负载电压极性为上负下正，与电源电压极性相反，该电路也称作反极性斩波电路。

稳态时，一个周期 T 内电感 L 两端电压 u_L 对时间的积分为零，当 VT 处于通态期间，$u_L=U$；而当 VT 处于断态期间，$u_L=-u_O$。所以输出电压为

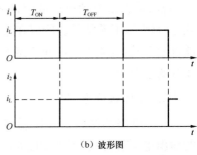

（b）波形图

$$U_O = \frac{T_{ON}}{T_{OFF}}U = \frac{T_{ON}}{T - T_{ON}}U = \frac{k}{1-k}U$$

图 4-26　升降压斩波电路及波形图

上式中，若改变占空比 k，则输出电压既可高于电源电压，也可能低于电源电压。

由此可知，当 $0<k<1/2$ 时，斩波器输出电压低于直流电源输入，此时为降压斩波器；当 $1/2<k<1$ 时，斩波器输出电压高于直流电源输入，此时为升压斩波器。

（二）开关状态控制电路

1. 开关状态控制方式的种类

开关电源中，开关器件开关状态的控制方式主要有占空比控制和幅度控制两大类。

（1）占空比控制方式。占空比控制又包括脉冲宽度控制和脉冲频率控制两大类。

① 脉冲宽度控制。脉冲宽度控制是指开关工作频率（即开关周期 T）固定的情况下直接通过改变导通时间（T_{ON}）来控制输出电压 U_O 大小的一种方式。因为改变开关导通时间（T_{ON}）就是改变开关控制电压 u_C 的脉冲宽度，因此，又称脉冲宽度调制（PWM）控制。在前面的设计制作中已经多次提到并应用。

PWM 控制方式的优点是因为采用了固定的开关频率，因此，设计滤波电路时就简单方便。其缺点是受功率开关管最小导通时间的限制，对输出电压不能做宽范围的调节，此外，为防止空载时输出电压升高，输出端一般要接假负载（预负载）。

目前，集成开关电源大多采用 PWM 控制方式。

② 脉冲频率控制。脉冲频率控制是指开关控制电压 u_C 的脉冲宽度(即 T_{ON})不变的情况下,通过改变开关工作频率(改变单位时间的脉冲数,即改变 T)而达到控制输出电压 U_O 大小的一种方式,又称脉冲频率调制(PFM)控制。

(2) 幅度控制方式。幅度控制是通过改变开关的输入电压 U_S 的幅值而控制输出电压 U_O 大小的控制方式,但要配以滑动调节器。

2. PWM 控制电路的基本构成和原理

图 4-27 是 PWM 控制电路的基本组成和工作波形图。

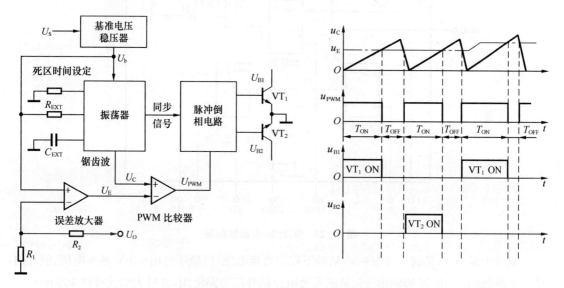

图 4-27　PWM 控制电路及工作波形图

PWM 控制电路由以下几部分组成。

(1) 基准电压稳压器,提供一个供输出电压进行比较的稳定电压和一个内部 IC 电路的电源。

(2) 振荡器,为 PWM 比较器提供一个锯齿波和与该锯齿波同步的驱动脉冲控制电路的输出。

(3) 误差放大器,使电源输出电压与基准电压进行比较。

(4) 以正确的时序使输出开关管导通的脉冲倒相电路。

其基本工作过程是输出开关管在锯齿波的起始点被导通。由于锯齿波电压比误差放大器的输出电压低,所以 PWM 比较器的输出较高,因为同步信号已在斜坡电压的起始点,使倒相电路工作,所以脉冲倒相电路将这个高电位输出,使 VT₁ 导通,当斜坡电压比误差放大器的输出高时,PWM 比较器的输出电压下降,通过脉冲倒相电路使 VT₁ 截止,下一个斜坡周期则重复这个过程。

3. PWM 控制器集成芯片介绍

(1) SG1524/2524/3524 系列 PWM 控制器。SG1524 是双列直插式集成芯片,其结构框图如图 4-28 所示。它包括基准电源、锯齿波振荡器、电压比较器、逻辑输出、误差放大以及检测和保护等部分。SG2524 和 SG3524 也属于这个系列,内部结构及功能相同,仅工作电压及工作温度有差异。

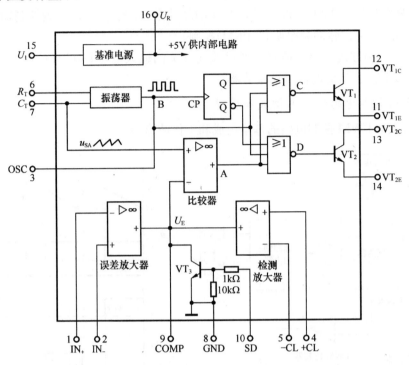

图 4-28   SG1524 内部结构图

基准电源由 15 脚输入 8 V～30 V 的不稳定直流电压,经稳压输出＋5 V 基准电压,供片内所有电路使用,并由 16 脚输出＋5 V 的参考电压供外部电路使用,其最大电流可达 100 mA。

振荡器通过 7 脚和 6 脚分别对地接上一个电容 C_T 和电阻 R_T 后,在 C_T 上输出锯齿波。比较器反向输入端输入直流控制电压 U_e,同相输入端输入锯齿波电压 U_{SA}。当改变直流控制电压大小时,比较器输出端电压 u_A 即为宽度可变的脉冲电压,送至 2 个"或非门"组成的逻辑电路。

每个"或非门"有 3 个输入端,其中,一个输入为宽度可变的脉冲电压 u_A;一个输入分别来自触发器输出的 Q 和 $\overline{Q}$ 端(它们是锯齿波电压分频后的方波);再一个输入(B 点)为锯齿波同频的窄脉冲。在不考虑第 3 个输入窄脉冲时,2 个"或非门"输出(C、D 点)分别经三极管 VT_1、VT_2 放大输出。它们的脉冲宽度由 U_e 控制,周期比 U_{SA} 大一倍,且 2 个波形的相位差为 180°。这样的波形适用于可逆 PWM 电路。"或非门"第 3 个输入端的窄脉冲使这期间 2 个三极管同时截止,以保证 2 个三极管的导通有一短时间间隔,可作为上、下两管的死区。当用于不可逆 PWM 时,可将 2 个三极管的 e 极并联使用。

误差放大器在构成闭环控制时,可作为运算放大器接成调节器使用。如将 1 脚和 9 端短接,该放大器作为一个电压跟随器使用,由 2 脚输入给定电压来控制 SG1524 输出脉冲宽度的变化。

当保护输入端 10 脚的输入达一定值时,三极管 VT_3 导通,使比较器的反相端为零,A 端一直为高电平,VT_1、VT_2 均截止,以达到保护的目的。检测放大器的输入可检测出较小的信号,当 4、5 端输入信号达到一定值时,同样可使比较器的反相输入端为零,亦起保护作用。使用中可利用上述功能来检测需要限制的信号(如电流),对主电路实现保护。

SG3524 的引脚功能见表 4-4 所示。

表 4-4 SG3524 的引脚功能表

引脚号	功　能	引脚号	功　能
1	IN_ 为误差放大器反向输入	9	COMP 为频率补偿
2	IN+ 为误差放大器同向输入	10	SD 为关断控制
3	OSC 为振荡器输出	11	VT_{1E} 为输出晶体管 A 的发射极
4	CL+ 为限流比较器的同相输入	12	VT_{1C} 为输出晶体管 A 的集电极
5	CL_ 为限流比较器的反相输入	13	VT_{2C} 为输出晶体管 B 的集电极
6	R_T 为定时电阻	14	VT_{2E} 为输出晶体管 B 的发射极
7	C_T 为定时电容器	15	U_I 为输入电压
8	GND 为地	16	U_R 为基准电压

（2）SG3525A 的 PWM 控制器。SG3525A 是 SG3524 的改进型,凡是利用 SG1524/SG2524/SG3524 的开关电源电路都可以用 SG3525A 来代替。应用时应注意两者引脚功能的不同。

图 4-29 是 SG3525A 系列产品的内部原理图。除输出级以外,SG3527A 与 SG3525A 完全相同。SG3525A 的输出是正脉冲,而 SG3527A 的输出是负脉冲。表 4-5 是 SG3525A 的引脚功能表。

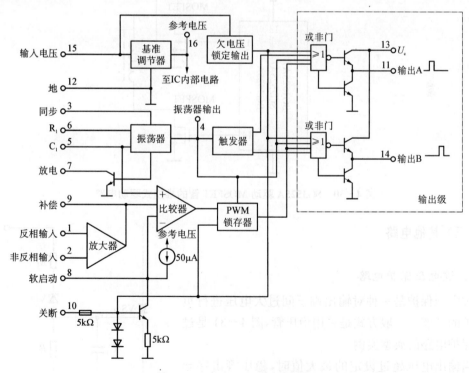

图 4-29 SG3525A 内部原理图

表 4 - 5　SG3525A 的引脚功能表

引脚号	功 能	引脚号	功 能
1	IN$_-$ 为误差放大器反向输入	9	COMP 为频率补偿
2	IN$_+$ 为误差放大器同向输入	10	SD 为关断控制
3	SYNC 为同步	11	OUT$_A$ 为输出 A
4	OUT$_{osc}$ 为振荡器输出	12	GND 为地
5	C$_T$ 为定时电容器	13	U_C 为集电极电压
6	R$_T$ 为定时电阻	14	OUT$_B$ 为输出 B
7	DIS 为放电	15	U_I 为输入电压
8	SS 为软启动	16	U_{REF} 为基准电压

（3）SG3525A 的典型应用电路。SG3525A 驱动 MOSFET 管的推挽式驱动电路如图 4 - 30 所示。其输出幅度和拉灌电流能力都适合于驱动功率 MOSFET 管。SG3525A 的 2 个输出端交替输出驱动脉冲,控制 2 个 MOSFET 管交替导通。

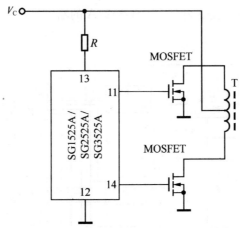

图 4 - 30　SG3525A 驱动 MOSFET 管的推挽式驱动电路

（三）其他电路

1. 过电压保护电路

过电压保护是一种对输出端子间过大电压进行负载保护的功能。一般方式是采用稳压管,图 4 - 31 是过电压保护电路的典型实例。

当输出电压超过设定的最大值时,稳压管击穿导通,使晶闸管导通,电源停止工作,起到过电压保护作用。

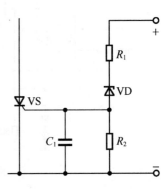

图 4 - 31　过电压保护电路

2. 过电流保护电路

过电流保护是一种电源负载保护功能，以避免发生包括输出端子上的短路在内的过负载输出电流对电源和负载的损坏。图 4-32 是典型的过电流保护电路。电路中，电阻 R_1 和 R_2 对 U 进行分压，电阻 R_2 上分得的电压 U_{R2}，负载电流 I_O 在检测电阻 R_D 上产生的电压 $U_{RD} = R_D I_O$，电压 U_{RD} 和 U_{R2} 进行比较，如果 $U_{RD} > U_{R2}$，A 输出控制信号，控制信号使脉宽变窄，输出电压下降，从而使输出电流减小。

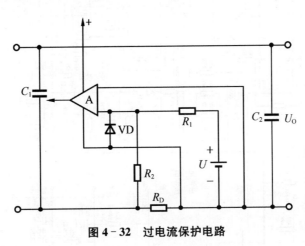

图 4-32　过电流保护电路

3. 软启动电路

开关电源的输入电路一般采用整流和电容滤波电路。输入电源未接通时，滤波电容器上的初始电压为零。在输入电源接通的瞬间，滤波电容器快速充电，产生一个很大的冲击电流。在大功率开关电源中，输入滤波电容器的容量很大，冲击电流可达 100 A 以上，如此大的冲击电流会造成电网电闸的跳闸或者击穿整流二极管。为防止这种情况的发生，在开关电源的输入电路中增加软启动电路，防止冲击电流的产生，保证电源正常地进入工作状态。

(四) 计算机电源实例

1. ATX 开关电源工作原理分析

ATX 开关电源的原理图如图 4-33 所示：

220 V 交流电经过第一、二级滤波后变成较纯净的 50 Hz 交流电，经全桥整流和滤波后输出 300 V 的直流电压。300 V 直流电压同时加到主开关管、主开关变压器、待机电源开关管、待机电源开关变压器。

由于此时主开关管没有开关信号，处于截止状态，因此，主电源开关变压器上没有电压输出，图中的 -12 V 至 +3.3 V，5 组电压均没电压输出。

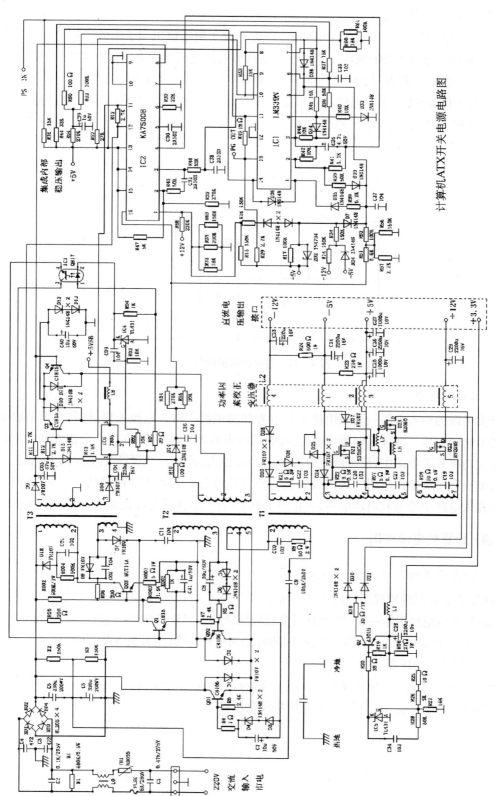

图 4-33　ATX 开关电源的原理图

<<<<　--

同时注意到,300 V直流电加到待机电源开关管和待机电源开关变压器后,由于待机电源开关管被设计成自激式振荡方式,待机电源开关管立即开始工作,在待机电源开关变压器的次级上输出二组交流电压,经整流滤波后,输出+5 V和+22 V电压,+22 V电压是专门为主控IC供电的。+5 V加到主板上作为待机电压。

当用户按动机箱的Power启动按键后,(绿)色线处于低电平,主控IC内部的振荡电路立即启动,产生脉冲信号,经推动管放大后,脉冲信号经推动变压器加到主开关管的基极,使主开关管工作在高频开关状态。主开关变压器输出各组电压,经整流和滤波后得到各组直流电压,输出到主板。但此时主板上的CPU仍未启动,必须等+5 V的电压从零上升到95%后,IC检测到+5 V上升到4.75 V时,IC发出PG信号,使CPU启动,电脑正常工作。当用户关机时,绿色线处于高电平,IC内部立即停止振荡,主开关管因没有脉冲信号而停止工作。-12 V至+3.3 V的各组电压降至为零。电源处于待机状态。

输出电压的稳定则是依赖对脉冲宽度的改变来实现,这就是脉宽调制PWM。由高压直流到低压多路直流的这一过程也可称DC-DC变换,是开关电源的核心技术。采用开关变换的显著优点是大大提高了电能的转换效率,典型的PC电源效率为70%—75%,而相应的线性稳压电源的效率仅有50%左右。

保护电路的工作原理:在正常的使用过程中,当IC检测到负载处于短路、过流、过压、欠压、过载等状态时,IC内部发出信号,使内部的振荡停止,主开关管因没有脉冲信号而停止工作,从而达到保护电源的目的。

由上述原理可知,即使关了电脑后,如果不切断交流输入端,待机电源是一直工作的,电源仍有5~10 W的功耗。电源的内部电路分为抗干扰电路、整流滤波电路、开关电路、保护电路、输出电路等。

随着3C认证制度的实施,开始增加PFC(功率因数校正)电路,凡是3C认证的电脑电源,必须增加PFC电路,PFC电路可以减少对电网的谐波污染和干扰。

电脑电源实物图如图4-34所示。

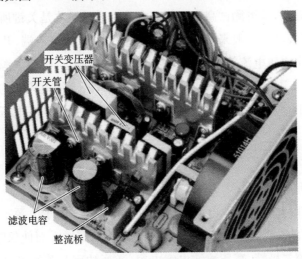

图4-34　电脑电源实物图

2. ATX 开关电源维修方法

(1) 在断电情况下,"望、闻、问、切"。

由于检修电源要接触到 220 V 高压电,人体一旦接触 36 V 以上的电压就有生命危险。因此,在有可能的条件下,尽量先检查一下在断电状态下有无明显的短路、元器件损坏故障。首先,打开电源的外壳,检查保险丝是否熔断,再观察电源的内部情况,如果发现电源的 PCB 板上元件破裂,则应重点检查此元件,一般来讲这是出现故障的主要原因;闻一下电源内部是否有糊味,检查是否有烧焦的元器件;问一下电源损坏的经过,是否对电源进行违规的操作,这一点对于维修任何设备都是必需的。在初步检查以后,还要对电源进行更深入的检测。

用万用表测量 AC 电源线两端的正反向电阻及电容器充电情况,如果电阻值过低,说明电源内部存在短路,正常时其阻值应能达到 100 千欧以上;电容器应能够充放电,如果损坏,则表现为 AC 电源线两端阻值低,呈短路状态,否则可能是开关三极管 VT_1、VT_2 击穿。

然后检查直流输出部分。脱开负载,分别测量各组输出端的对地电阻,正常时,表针应有电容器充放电摆动,最后指示的应为该路的泄放电阻的阻值,多数情况是整流二极管反向击穿所致。

(2) 加电检测。

检修 ATX 开关电源,应从 PS-ON 和 PW-OK、+5 V 信号入手。脱机带电检测 ATX 电源待机状态时,+5 V、PS-ON 信号高电平,PW-OK 低电平,其他电压无输出。ATX 电源由待机状态转为启动受控状态的方法是:用一根导线把 ATX 插头 14 脚 PS-ON 信号与任一地端 3、5、7、13、15、16、17 中的一脚短接,此时 PS-ON 信号为零电平,PW-OK、+5 V 信号为高电平,开关电源风扇旋转,ATX 插头 +3.3 V、+5 V、+12 V 有输出。

在通过上述检查后,就可测试高电压部分电路。这时候才是关键所在,需要有一定的经验、电子基础及维修技巧。一般来讲应重点检查一下电源的输入端、开关三极管、电源保护电路以及电源的输出电压电流等。如果电源启动一下就停止,则该电源处于保护状态下,可直接测量 TL494 的 4 脚电压,正常值应为 0.4 V 以下,若测得电压值为 +4 V 以上,则说明电源处于保护状态下,应重点检查产生保护的原因。由于接触到高电压,建议没有电子基础的用户要小心操作。

3. 常见故障处理

(1) 保险丝熔断。

一般情况下,保险丝熔断说明电源的内部线路有问题。由于电源工作在高电压、大电流的状态下,电网电压的波动、浪涌都会引起电源内电流瞬间增大而使保险丝熔断。重点应检查电源输入端的整流二极管、高压滤波电解电容、逆变功率开关管等,检查一下这些元器件有无击穿、开路、损坏等。如果确实是保险丝熔断,应该首先查看电路板上的各个元件,看这些元件的外表有没有被烧糊,有没有电解液溢出。如果没有发现上述情况,则用万用表进行测量,如果测量出来两个大功率开关管 e、c 极间的阻值小于 100 kΩ,说明开关管损坏。其次测量输入端的电阻值,若小于 200 kΩ,说明后端有局部短路现象。

(2) 无直流电压输出或电压输出不稳定。

如果保险丝是完好的,可是在有负载情况下,各级直流电压无输出。这种情况主要是以下原因造成的:电源中出现开路、短路现象,过压、过流保护电路出现故障,振荡电路没有工作,电源负载过重,高频整流滤波电路中整流二极管被击穿,滤波电容漏电等。这时,首先用万用表测量系统板 +5 V 电源的对地电阻,若大于 0.8 Ω,则说明电路板无短路现象;然后将电脑中不必要的硬件暂时拆除,如硬盘、光盘驱动器等,只留下主板、电源、蜂鸣器;再测量各输出端的直流电压,如果这时输出为零,则可以肯定是电源的控制电路出了故障。

(3) 电源负载能力差。

电源负载能力差是一个常见的故障,一般都是出现在老式或是工作时间长的电源中,主要原因是各元器件老化、开关三极管的工作不稳定、没有及时进行散热等,应重点检查稳压二极管是否发热漏电、整流二极管损坏、高压滤波电容损坏、晶体管工作点未选择好等。

(4) 通电无电压输出,电源内发出吱吱声。

这是电源过载或无负载的典型特征。先仔细检查各个元件,重点检查整流二极管、开关管等。经过仔细检查,发现一个整流二极管 1N4001 的表面已烧黑,而且电路板也给烧黑了。找同型号的二极管换下,用万用表一量果然是击穿的。接上电源,可风扇不转,吱吱声依然。用万用表量 +12 V 输出只有 +0.2 V,+5 V 输出只有 0.1 V。这说明元件被击穿时电源启动自保护。测量初级和次级开关管,发现初级开关管中有一个已损坏,用相同型号的开关管换上,故障排除,一切正常。

(5) 没有吱吱声,上一个保险丝就烧一个保险丝。

由于保险丝不断地熔断,搜索范围就缩小了。有 3 种可能性:① 整流桥击穿;② 大电解电容击穿;③ 初级开关管击穿。电源的整流桥一般是分立的四个整流二极管,或是将四个二极管固化在一起,将整流桥拆下一量是正常的。大电解电容拆下测试后也正常,焊回时要注意正负极。最后的可能就只剩开关管了,这个电源的初级只有一个大功率的开关管,拆下一量果然击穿,找同型号开关管换上,问题解决。

其实,维修电源并不难,一般电源损坏都可以归结为保险丝熔断、整流二极管损坏、滤波电容开路或击穿、开关三极管击穿以及电源自保护等,因开关电源的电路较简单,故障类型少,很容易判断出故障位置。只要有足够的电子基础知识,多上网查阅资料,多动手,平时注意经验的积累,电源故障是可以轻松检修的。

任务三 设计与制作

2007 年国赛赛题——开关稳压电源(E 题)

一、赛题

设计并制作如图 4-35 所示的开关稳压电源。

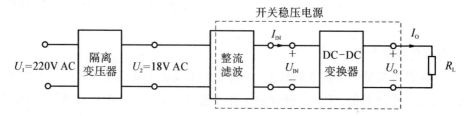

图 4-35 电源框图

在电阻负载条件下,使电源满足下述要求:

1. 基本要求

(1) 输出电压 U_O 可调范围:30 V～36 V;

(2) 最大输出电流 I_{Omax}:2A;

(3) U_2 从 15 V 变到 21 V 时,电压调整率 $S_U \leqslant 2\%$($I_O=2A$);

(4) I_O 从 0 变到 2A 时,负载调整率 $S_I \leqslant 5\%$($U_2=18$ V);

(5) 输出噪声纹波电压峰-峰值 $U_{OPP} \leqslant 1$ V($U_2=18$ V,$U_O=36$ V,$I_O=2A$);

(6) DC-DC 变换器的效率 $\eta \geqslant 70\%$($U_2=18$ V,$U_O=36$ V,$I_O=2A$);

(7) 具有过流保护功能,动作电流 $I_{O(th)}=2.5\pm0.2$ A。

2. 发挥部分

(1) 进一步提高电压调整率,使 $S_U \leqslant 0.2\%$($I_O=2$ A);

(2) 进一步提高负载调整率,使 $S_I \leqslant 0.5\%$($U_2=18$ V);

(3) 进一步提高效率,使 $\eta \geqslant 85\%$($U_2=18$ V,$U_O=36$ V,$I_O=2$ A);

(4) 排除过流故障后,电源能自动恢复为正常状态;

(5) 能对输出电压进行键盘设定和步进调整,步进值 1 V,同时具有输出电压、电流的测量和数字显示功能。

3. 说明

(1) DC-DC 变换器不允许使用成品模块,但可使用开关电源控制芯片。

(2) U_2 可通过交流调压器改变 U_1 来调整。DC-DC 变换器(含控制电路)只能由 U_{IN} 端口供电,不得另加辅助电源。

（3）本题中的输出噪声纹波电压是指输出电压中的所有非直流成分，要求用带宽不小于 20 MHz 的模拟示波器（AC 耦合、扫描速度 20 ms/div）测量 U_{OPP}。

（4）本题中电压调整率 S_U 指 U_2 在指定范围内变化时，输出电压 U_O 的变化率；负载调整率 S_I 指 I_O 在指定范围内变化时，输出电压 U_O 的变化率；DC-DC 变换器效率 $h=P_O/P_{IN}$，其中 $P_O=U_O I_O$，$P_{IN}=U_{IN} I_{IN}$。

电源在最大输出功率下应能连续安全工作足够长的时间（测试期间，不能出现过热等故障）。制作时应考虑方便测试，合理设置测试点（参考图 4-35）。

设计报告正文中应包括系统总体框图、核心电路原理图、主要流程图、主要的测试结果。

二、设计概述

本系统以 Boost 升压斩波电路为核心，以 MSP430 单片机为主控制器和 PWM 信号发生器，根据反馈信号对 PWM 信号做出调整，进行可靠的闭环控制，从而实现稳压输出。系统输出直流电压 30 V～36 V 可调，可以通过键盘设定和步进调整，最大输出电流达到 2 A，电压调整率和负载调整率低，DC-DC 变换器的效率达到 93.97%，能对输入电压、输出电压和输出电流进行测量和显示。

三、系统方案

系统特色：① 输出电压反馈采用"同步采样"方式，能有效避免电压尖峰对信号检测的影响。② 采用多种有效措施降低系统的电磁干扰（EMI），增强电磁兼容性（EMC）。③ 具有完善、可靠的保护功能，例如，过流保护、反接保护、欠压保护、过温保护、防开机"浪涌"电流保护等，保证了系统的可靠性。

1. DC-DC 主回路

方案一　间接直流变流电路：结构如图 4-36 所示，可以实现输出端与输入端的隔离，适合于输入电压与输出电压之比远小于或远大于 1 的情形，但由于采用多次变换，电路中的损耗较大，效率较低，而且结构较为复杂。

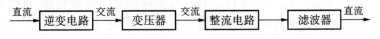

直流 → 逆变电路 →（交流）→ 变压器 →（交流）→ 整流电路 → 滤波器 →（直流）

图 4-36　间接直流变流电路结构图

方案二　Boost 升压斩波电路：拓扑结构如图 4-37 所示。开关的开通和关断受外部 PWM 信号控制，电感 L 将交替地存储和释放能量，电感 L 储能后使电压泵升，而电容 C 可

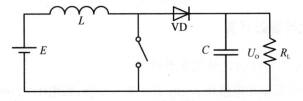

图 4-37　Boost 升压斩波电路结构图

将输出电压保持住,通过改变 PWM 控制信号的占空比可以相应实现输出电压的变化。该电路采取直接直流变流的方式实现升压,电路结构较为简单,损耗较小,效率较高。

综合比较,选择方案二。

2. 控制方法及实现方案

方案一　利用 PWM 专用芯片产生 PWM 控制信号。此法较易实现,工作较稳定,但不易实现输出电压的键盘设定和步进调整。

方案二　利用单片机产生 PWM 控制信号。让单片机根据反馈信号对 PWM 信号做出相应调整以实现稳压输出。这种方案实现起来较为灵活,可以通过调试针对本身系统做出配套的优化,但是系统调试比较复杂。

在这里选择方案二。

3. 系统总体框图(如图 4－38)

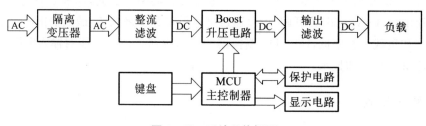

图 4－38　系统总体框图

4.　提高效率的方法及实现方案

(1) Boost 升压斩波电路中开关管的选取:电力晶体管(GTR)耐压高、工作频率较低、开关损耗大;电力场效应管(Power MOSFET)开关损耗小、工作频率较高。从工作频率和降低损耗的角度考虑,选择电力场效应管作为开关管。

(2) 选择合适的开关工作频率:为降低开关损耗,应尽量降低工作频率;为避免产生噪声,工作频率不应在音频内。综合考虑后,把开关频率设定为 20 kHz。

(3) Boost 升压电路中二极管的选取:开关电源对于二极管的开关速度要求较高,可从快速恢复二极管和肖特基二极管中加以选择。与快速恢复二极管相比,肖特基二极管具有正向压降很小、恢复时间更短的优点,但反向耐压较低,多用于低压场合。考虑到降低损耗和低压应用的实际,选择肖特基二极管。

(4) 控制电路及保护电路的措施:控制电路采取超低功耗单片机 MSP430,其工作电流仅 280 μA;显示采取低功耗 LCD;控制及保护电路的电源采取了降低功耗的方式,单片机由低功耗稳压芯片 HT7133 单独供电。

四、电路设计与参数计算

1. Boost 升压电路器件的选择及参数计算

Boost 升压电路包括驱动电路和 Boost 升压基本电路,如图 4－39 所示。

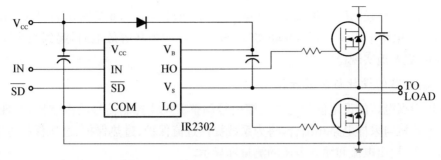

(a) PWM驱动电路

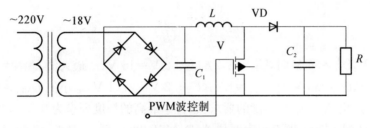

(b) Boost升压基本电路

图4-39 Boost升压基本电路原理图

(1) 开关场效应管的选择。选择导通电阻小的 IRF540 作为开关管,其导通电阻仅为 77 mΩ($V_{GS}=10$ V,$I_D=17$ A)。IRF540 击穿电压 V_{DSS} 为 55 V,漏极电流最大值为 28 A ($V_{GS}=10$ V,25℃),允许最大管耗 PCM 可达 50 W,完全满足电路要求。

(2) PWM 驱动电路器件的选择。单片机 I/O 口输出电压较低、驱动能力不强,使用专用驱动芯片 IR2302。其导通上升时间和关断下降时间分别为 130 ns 和 50 ns,可以实现电力场效应管的高速开通和关断。IR2302 还具有欠压保护功能。

(3) 肖特基二极管的选择。选择 ESAD85M-009 型肖特基二极管,其导通压降小,通过 1 A 电流时仅为 0.35 V,并且恢复时间短。实际使用时为降低导通压降将两个肖特基二极管并联。

(4) 电感的参数计算

① 电感值的计算:

$$L_B = \frac{U_{IN}^2(U_O - U_{IN})}{m I_O f U_O^2}$$

其中,m 是脉动电流与平均电流之比,取为 0.25,开关频率 $f=20$ kHz,输出电压为36 V 时,$L_B=527.48$ μH,取 530 μH。

② 电感线径的计算:最大电流 I_L 为 2.5A,电流密度 J 取 4 A/mm²,线径为 d,则得 $d=0.892$ mm,工作频率为 20 kHz,需考虑趋肤效应,制作中采取多线并绕方式,既不过流使用,又避免了趋肤效应,导致漆包线有效面积的减小。

(5) 电容的参数计算

$$C_B = \frac{I_O(U_O - U_{IN})}{U_O f \Delta U_O}$$

其中，ΔU_O 为负载电压变化量，取 20 mV、$f=20$ kHz、$U_O=36$ V 时，$C_B=1\,465\ \mu$F，取为 2 000 μF，实际电路中用多只电容并联实现，减小电容的串联等效电阻，起到减小输出电压纹波的作用，更好地实现稳压。

2. 控制电路的设计与参数计算

单片机根据电压的设定值和电压反馈信号调整 PWM 控制信号的占空比，实现稳压输出，同时，单片机与采样电路相结合，将为系统提供过流保护、过热保护、过压保护等措施，并实现输出电压、输出电流和输入电压的测量和显示。

PWM 信号占空比

$$D \approx 1 - \frac{U_{IN}}{U_O}$$

当 $U_2=15$ V，$U_O=36$ V 时，$U_{IN}=1.2\times U_2-2$ V$=16$ V，　最大值 $D_{MAX}=0.556$；

当 $U_2=21$ V，$U_O=30$ V 时，$U_{IN}=1.4\times U_2-2$ V$=27.4$ V，最小值 $D_{MIN}=0.087$。

系统对于单片机 A/D 采样精度的要求：题目中最高的精度要求为 0.2%，欲达到这一精度，A/D 精度要达到 1/500，即至少为 9 位 A/D，MSP430 内置 A/D 为 12 位，只要合理设定测量范围，完全可以达到题目的精度要求。

3. 保护电路的设计与参数计算

(1) 输入过流保护。在直流输入端串联一支保险丝（250 V，5 A），从而实现过流保护。

(2) 输出过流保护。输出端串接电流采样电阻 RTEST2，材料选用温漂小的康铜丝。电压信号需放大后送给单片机进行 A/D 采样。过流故障解除后，系统将自动恢复正常供电状态。

(3) 逐波过流保护。逐波过流保护在每个开关周期内对电流进行检测，过流时强行关断，防止场效应管烧坏。考虑到 MOS 管开通时的尖峰电流，可能使逐波过流保护电路误动作。

(4) 反接保护。反接保护功能由二极管和保险丝实现。

(5) 过热保护。通过热敏电阻检测场效应管的温度，温度过高时关断场效应管。

(6) 防开机"浪涌"保护。用 NTC 电阻实现了对开机浪涌电流的抑制。

(7) 场效应管欠压保护。利用 IR2302 的欠压保护功能，对其电源电压进行检测，使场效应管严格工作在非饱和区或截止区，防止场效应管进入饱和区而损坏。

4. 数字设定及显示电路的设计

分别通过键盘和 LCD 实现数字设定和显示。键盘用来设定和调整输出电压，输出电压、输出电流和输入电压的量值通过 LCD 显示。电路接口如图 4-42 所示。

5. 效率的分析及计算

$U_2=18$ V，输出电压 $U_O=36$ V，输出电流 $I_O=2$ A。

DC-DC 电路输入电压 $U_{IN}=1.2\times U_2-2$ V$=19.6$ V，信号占空比 $D\approx1-U_{IN}/U_O=0.456$，输入电压有效值 $I_{IN}=I_O/(1-D)=3.676$ A，输出功率 $P_O=U_O\times I_O=72$ W。

下面计算电路中的损耗 P：

（1）Boost 电路中电感的损耗：

$$P_{DCR1} = I_{IN}^2 \times DCR_1$$

其中，DCR_1 为电感的直流电阻，取为 50 mΩ，代入可得 $P_{DCR1}=0.68$ W。

（2）Boost 电路中开关管的损耗。

开关损耗　　$P_{SW}=0.5 \times U_{IN} \times I_{IN}(t_r+t_f) \times f$

其中，t_r 是开关上升时间，为 190 ns，t_f 是开关下降时间，为 110 ns，f 是开关频率，为 20 kHz，代入可得 $P_{SW}=0.216\,0$ W。

导通损耗

$$P_C = D[I_{IN}^2(R_{DSON} \times 1.3 + R_{SNS})]$$

其中，导通电阻 $R_{DSON}=77$ mΩ，电流感应电阻 R_{SNS} 取 0.1 Ω，代入得 $P_C=1.23$ W。

（3）肖特基二极管的损耗。

流过二极管的电流值与输出电流 I_O 相等，则二极管损耗 $P_D=I_O V_D$。

其中，$I_O=2$ A，取二极管压降 VD 为 0.35 V，代入可得 $P_D=0.7$ W。

（4）两只采样电阻上的总损耗为 0.9 W，其他部分的损耗约为 0.8 W。

综上，电路中的总损耗功率 P 损耗为 4.5 W。

DC－DC 变换器的效率 $\eta= P_O/(P_O+P$ 损耗$)=94\%$。

6. 系统特色

（1）输出电压反馈采用"同步采样"方式，有效地避免了电压尖峰对信号检测的影响。软件滤波可降低毛刺干扰，但不能从根本上减小干扰。"同步采样"法是根据开关毛刺的可预测性（集中在开关瞬间，持续时间不超过 2 μs），在开关管动作后 2 μs 再采样，避免采到毛刺，提高了反馈信号的准确度和稳定度。

（2）采用多种措施降低系统的电磁干扰（EMI），例如，开关频率较低，降低了 EMI；单片机内部的时钟源-压控震荡器（DC$_O$）采用了"抖频"技术，使 EMI 能量分散在各个频率点上，降低了 EMI 的峰值；产生 PWM 信号时也使用了"抖频"技术，即实现了用较少位数的 PWM 产生较多的控制阶数，又减少了 EMI。

（3）具有多重保护措施，保证了系统的高可靠性。

五、软件设计（主要流程图如图 4－40）

程序说明：本程序主要通过键盘设定输出电压值，利用 PI 算法控制 PWM 的占空比，实现电压稳定输出，并且为了减少干扰，软件采用同步采样的方法，即在 PWM 上升沿后 2 ms，再去采样，这样就可以避免采样到毛刺，进行错误的判断，导致输出电压不稳，再根据一些其他的反馈采样值进行调整，保证系统可以安全可靠稳定地工作。

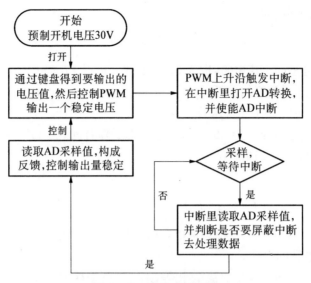

图 4-40   软件主流程图

六、系统测试及结果分析

1. 测试使用的仪器(见表 4-6)

表 4-6   测试使用的仪器设备

序　号	名称、型号、规格	数量	备注
1	FLUKE 15B 万用表	4	美国福禄克公司
2	TDGC-2 接触调压器(0.5 kVA)	1	上海松特电器有限公司
3	KENWOOD CS-4125 示波器	1	带宽 20 MHz

2. 测试方法(测试连接如图 4-41 所示)

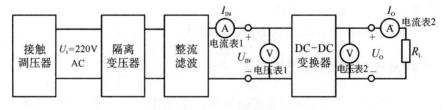

图 4-41   测试图

3. 测试数据

(1) 电压调整率 S_U 测试　(测试条件：$I_O=2$ A，$U_O=36$ V)

$U_2=15$ V 时，$U_{O1}=35.98$ V；$U_2=21$ V 时，$U_{O2}=36.13$ V。

电压调整率 $S_U=(U_{O2}-U_{O1})/U_{O1}=0.42\%$。

(2) 负载调整率 S_I 测试　(测试条件：$U_2=18$ V，$U_O=36$ V)

$I_O=0$ A 时，$U_{O3}=36.29$ V；$I_O=2$ A 时，$U_{O4}=36.04$ V。

负载调整率 $S_I = (U_{O3} - U_{O4})/U_{O3} = 0.69\%$。

（3）DC-DC 转换器效率 η 测试（测试条件：$I_O = 2\ A, U_O = 36\ V, U_2 = 18\ V$）

$U_{IN} = 19.5\ V, I_{IN} = 3.88A; U_O = 36.00\ V, I_O = 1.975\ A$。

DC-DC 转换器效率 $\eta = U_O I_O / U_{IN} I_{IN} = 93.97\%$。

4. 测试结果分析

（1）测试数据与设计指标的比较（见表 4-7）

表 4-7 测试数据与设计指标的比较

测试项目	基本要求	发挥要求	电路测试结果
输出电压可调范围	30 V～36 V		实现
最大输出电流	2 A		实现
电压调整率	$\leqslant 2\%$	$\leqslant 0.2\%$	0.42%
负载调整率	$\leqslant 5\%$	$\leqslant 0.5\%$	0.69%
输出噪声电压峰峰值	$\leqslant 1\ V_{PP}$		1.8 V_{PP}
DC-DC 变换器效率	$\geqslant 70\%$	$\geqslant 85\%$	93.97%
过流保护	动作电流 2.5±0.2 A	故障排除后自动恢复	动作电流 2.53 A，可以自动恢复
输出电压设定和步进调整		步进 1 V，测量和显示电压电流	实现，步进可达 0.1 V
其他			完整可靠的保护电路

（2）产生偏差的原因

对效率等进行理论分析和计算时，采用的是器件参数的典型值，但实际器件的参数具有明显的离散性，电路性能很可能因此无法达到理论分析值；电路的制作工艺并非理想的，会增加电路中的损耗。

5. 改进方法

（1）使用性能更好的器件，如换用导通电阻更小的电力 MOS 管，采用低阻电容；

（2）使用软开关技术，进一步减小电力 MOS 管的开关损耗；

（3）采用同步式开关电源的方案，用电力 MOS 管代替肖特基二极管以减小损耗；

（4）优化软件控制算法，进一步减小电压调整率和负载调整率。

七、结论

本电路结构简单，功能齐全，性能优良，除个别指标外均达到并超过了题目要求。保护电路完善，使用更安全，使用同步采样技术和多种抗 EMI 技术使得本电路更加环保。本电路尚有不足之处，如输出纹波偏大等。

八、附图电路原理图

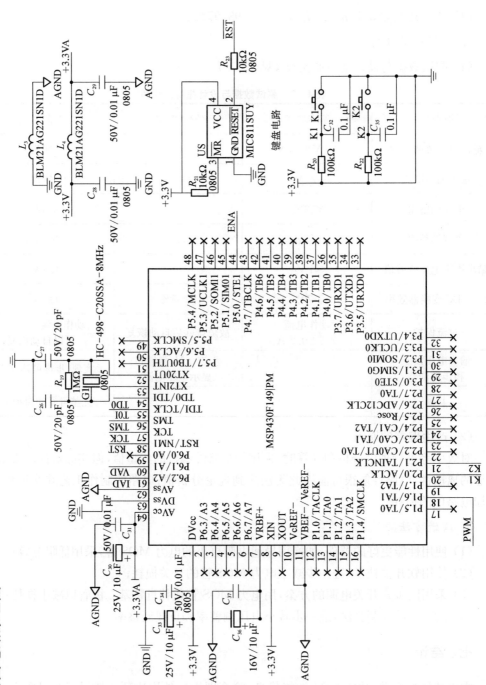

图 4 – 42　单片机控制系统图

习题与思考四

4.1　在 DC/DC 变换电路中所使用的元器件有哪几种,有何特殊要求?

4.2　大功率晶体管 GTR 的基本特性是什么?

4.3　大功率晶体管 GTR 有哪些主要参数?

4.4　什么是 GTR 的二次击穿? 有什么后果?

4.5　可能导致 GTR 二次击穿的因素有哪些? 可采取什么措施加以防范?

4.6　说明功率场效应晶体管(功率 MOSFET)的开通和关断原理及其优缺点。

4.7　功率 MOSFET 有哪些主要参数?

4.8　使用功率 MOSFET 时要注意哪些保护措施?

4.9　试述直流斩波电路的主要应用领域。

4.10　简述教材图 4-24(a)所示的降压斩波电路的工作原理。

4.11　教材图 4-24(a)所示的斩波电路中,$U=220$ V,$R=10$ Ω,L、C 足够大,当要求 $U_O=40$ V 时,占空比 $k=$?

4.12　简述图 4-25(a)所示升压斩波电路的基本工作原理。

4.13　在图 4-25(a)所示升压斩波电路中,已知 $U=50$ V,$R=20$ Ω,L、C 足够大,采用脉宽控制方式,当 $T=40$ μs,$t_{ON}=25$ μs 时,计算输出电压平均值 U_O 和输出电流平均值 I_O。

4.14　请上网查阅相关视频,采用专业测试仪测试可关断晶闸管的 β_{OFF} 值。

4.15　上网查阅视频,采用专业的场效应管测试仪测试场效应管的放大能力。

项目五　　中频感应加热电源

 项目描述

　　中频电源装置是一种将工频 50 Hz 交流电转变为中频（300 Hz 以上至 20 kHz 或更高）的电源装置,把三相工频交流电整流后变成直流电再把直流电变为可调节的中频电流,供给由电容和感应线圈里流过的中频交变电流,在感应圈中产生高密度的磁力线,并切割感应圈里盛放的金属材料,在金属材料中产生很大的涡流。这种涡流同样具有中频电流的一些性质,即金属自身的自由电子在有电阻的金属体里流动要产生热量。常见的感应加热装置如图 5-1 所示。

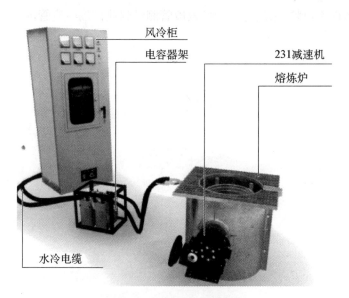

图 5-1　感应加热装置图

　　中频电炉广泛用于有色金属的熔炼,主要用于钢、合金钢、特种钢、铸铁等黑色金属材料以及不锈钢、锌等有色金属材料的熔炼,也可用于铜、铝等有色金属的熔炼和升温、保温,并能和高炉进行双联运行。锻造加热用于棒料、圆钢、方钢、钢板的透热、补温、在线加热、局部

加热,金属材料在线锻造(如齿轮、半轴连杆、轴承等精锻)、挤压、热轧、剪切前的加热、喷涂加热、热装配以及金属材料整体的调质、退火、回火等。热处理主要供轴类(直轴、变径轴、凸轮轴、曲轴、齿轮轴等),齿轮类,套、圈、盘类,机床丝杠,导轨,平面,球头,五金工具等多种机械(汽车、摩托车)零件的表面热处理及金属材料整体的调质、退火、回火等。

例如,应用于金属表面淬火,工件放到感应器内,感应器一般是输入中频或高频交流电(300～300 000 Hz 或更高)的空心铜管。产生的交变磁场在工件中产生出同频率的感应电流,这种感应电流在工件的分布是不均匀的,在表面强,而在内部很弱,到心部接近于0,利用这个集肤效应,可使工件表面迅速加热,在几秒钟内表面温度上升到 800℃～1 000℃,而心部温度升高很小。

任务一　认识中频感应加热电源

一、任务描述与目标

中频感应加热电源是一种产生单相中频电流的装置。那么,单相中频电流是如何对金属进行加热的? 产生这一单相中频电流的装置由哪些部分组成? 主要应用在哪些场合? 本任务主要介绍感应加热的原理、中频感应加热电源用途以及组成,任务目标如下。

(1) 了解感应加热的原理;

(2) 熟悉中频感应加热装置的基本原理及应用;

(3) 掌握中频感应加热装置的组成;

(4) 学会资料查阅的方法。

二、相关知识

(一) 感应加热的原理

1. 感应加热的基本原理

1831 年,英国物理学家法拉第发现了电磁感应现象,并且提出了相应的理论解释。其内容为,当电路围绕的区域内存在交变的磁场时,电路两端就会感应出电动势,如果形成闭合回路,就会产生感应电流。电流的热效应可用来加热。

例如,图 5-2 中 2 个线圈相互耦合在一起,在第一个线圈中突然接通直流电流(即将图中开关 S 突然合上)或突然切断电流(即将图中开关 S 突然打开),此时在第二个线圈所接的电流表中可以看出有某一方向或反方向的摆动。这种现象称为电磁感应现象,第二个线圈中的电流称为感应电流,第一个线圈称为感应线圈。

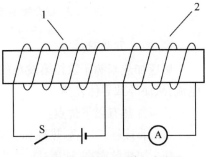

1—第一个线圈; 2—第二个线圈

图 5-2　电磁感应

若第一个线圈的开关 S 不断地接通和断开，则在第二个线圈中也将不断地感应出电流。每秒内通断次数越多（即通断频率越高），则感生电流将会越大。若第一个线圈中通以交流电流，则第二个线圈中也感应出交流电流。不论第二个线圈的匝数为多少，即使只有一匝也会感应出电流。如果第二个线圈的直径略小于第一个线圈的直径，并将它置于第一个线圈之内，则这种电磁感应现象更为明显，因为这时两个线圈耦合得更为紧密。

如果在一个钢管上绕了感应线圈，钢管可以看作有一匝直接短接的第二线圈。当感应线圈内通以交流电流时，在钢管中将感应出电流，从而产生交变的磁场，再利用交变磁场来产生涡流达到加热的效果。平常在 50 Hz 的交流电流下，这种感生电流不是很大，所产生的热量使钢管温度略有升高，不足以使钢管加热到热加工所需温度（常为 1 200℃左右）。如果增大电流和提高频率（相当于提高了开关 S 的通断频率）都可以增加发热效果，则钢管温度就会升高。控制感应线圈内电流的大小和频率，可以将钢管加热到所需温度，进行各种热加工，所以感应电源通常需要输出高频大电流。

利用高频电源来加热通常有如下两种方法。

① 电介质加热：利用高频电压（比如微波炉加热等）。

② 感应加热：利用高频电流（比如密封包装等）。

（1）电介质加热（Dielectric Heating）。电介质加热通常用来加热不导电材料，微波炉就是利用这个原理，如图 5-3 所示。

当高频电压加在两极板层上，就会在两极之间产生交变的电场。需要加热的介质处于交变的电场中，介质中的极分子或者离子就会随着电场做同频的旋转或振动，从而产生热量，达到加热效果。

（2）感应加热（Induction Heating）。感应加热原理为产生交变的电流，从而产生交变的磁场，再利用交变磁场来产生涡流达到加热的效果。感应加热示意图如图 5-4 所示。

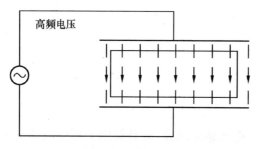

图 5-3 电介质加热示意图

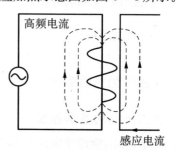

图 5-4 感应加热示意图

2. 感应加热特点

感应加热来源于法拉第发现的电磁感应现象，也就是交变的电流会在导体中产生感应电流，从而导致导体发热。

感应加热有以下优点：

（1）非接触式加热，热源和受热物件可以不直接接触；

（2）加热效率高，速度快，可以减小表面氧化现象；

（3）容易控制温度，提高加工精度；

（4）可实现局部加热；

（5）可实现自动化控制；

（6）可减小占地、热辐射、噪声和灰尘。

中频感应加热电源是一种利用晶闸管元件将三相工频电流变换成某一频率的中频电流的装置，主要是在感应熔炼和感应加热的领域中代替以前的中频发电机组。中频发电机组体积大，生产周期长，运行噪声大，而且它是输出一种固定频率的设备，运行时必须随时调整电容大小才能保持最大输出功率，这不但增加了不少中频接触器，而且操作起来也很繁琐。

晶闸管中频电源与这种中频机组比，除具有体积小、重量轻、噪声小、投产快等明显优点外，最主要还有下列一些优点。

① 降低电力消耗。中频发电机组效率低，一般为80%～85%，而晶闸管中频装置的效率可达到90%～95%，而且中频装置启动、停止方便，在生产过程中短暂的间隙都可以随时停机，从而使空载损耗减小到最低限度（这种短暂的间隙，机组是不能停下来的）。

② 中频电源输出频率是随着负载参数的变化而变化的，所以保证装置始终运行在最佳状态，不必像机组那样频繁调节补偿电容。

（二）中频感应加热电源的用途

感应加热的最大特点是将工件直接加热，工人劳动条件好、工件加热速度快、温度容易控制等，因此应用非常广泛。它主要用于淬火、透热、熔炼、各种热处理等方面。

1. 淬火

淬火热处理工艺在机械工业和国防工业中得到了广泛的应用。它是将工件加热到一定温度后再快速冷却下来，以此增加工件的硬度和耐磨性。图5-5为中频电源对螺丝刀口淬火。

2. 透热

在加热过程中使整个工件的内部和表面温度大致相等，叫作透热。透热主要用在锻造弯管等加工前的加热等。中频电源用于弯管的过程，如图5-6所示。在钢管待弯部分套上感应圈，通入中频电流后，在套有感应圈的钢管上的带形区域内被中频电流加热，经过一定时间，温度升高到塑性状态，便可以进行弯制了。

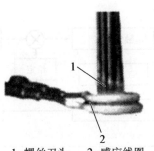

1-螺丝刀头；　2-感应线图。

图5-5　螺丝刀口淬火

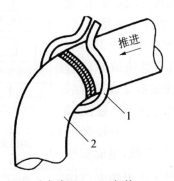

1-感应线圈；　2-钢管。

图5-6　中频电源弯管过程图

3. 熔炼

中频电源在熔炼中的应用较早,图5-7为中频感应熔炼炉,线圈用铜管绕成,里面通水冷却。线圈中通过中频交流电流就可以使炉中的炉料加热、熔化,并将液态金属再加热到所需温度。

4. 钎焊

钎焊是将钎焊料加热到融化温度而使两个或几个零件连接在一起,通常的锡焊和铜焊都是钎焊。如图5-8是铜洁具钎焊,主要应用于机械加工、采矿、钻探、木材加工等行业使用的硬质合金车刀、铣刀、刨刀、铰刀、锯片、锯齿的焊接及金刚石锯片、刀具、磨具、钻具、刃具的焊接,其他金属材料的复合焊接,如眼镜部件、铜部件、不锈钢锅。

1-感应线圈；2-金属溶液。

图5-7　中频感应熔炼炉

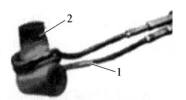

1-感应线圈；2-零件。

图5-8　铜洁具钎焊

(三)中频感应加热电源的组成

目前应用较多的中频感应加热电源主要由可控或不可控整流电路、滤波器、逆变器和一些控制保护电路组成。工作时,三相工频(50 Hz)交流电经整流器整流成脉动直流电,经过滤波器变成平滑的直流电送到逆变器。逆变器把直流电转变成频率较高的交流电流送给负载,组成框图如图5-9所示。电路原理图如图5-10所示。

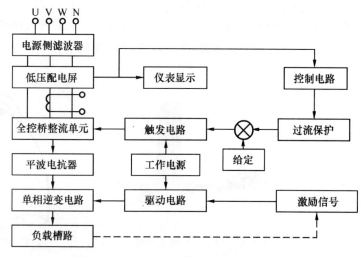

图5-9　中频感应加热电源的组成框图

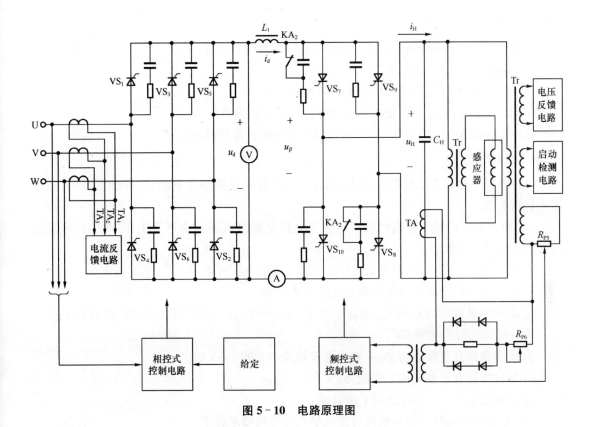

图 5 - 10　电路原理图

1. 整流电路

中频感应加热电源装置的整流电路设计一般要满足以下要求。

(1) 整流电路的输出电压在一定的范围内可以连续调节。

(2) 整流电路的输出电流连续,且电流脉动系数小于一定值。

(3) 整流电路的最大输出电压能够自动限制在给定值而不受负载阻抗的影响。

(4) 当电路出现故障时,电路能自动停止直流功率输出,整流电路必须有完善的过电压、过电流保护措施。

(5) 当逆变器运行失败时,能把储存在滤波器的能量通过整流电路返回工频电网,保护逆变器。

2. 逆变电路

由逆变晶闸管、感应线圈、补偿电容共同组成逆变器,将直流电变成中频交流电给负载供电。为了提高电路的功率因数,需要协调电容器向感应加热负载提供无功能量。根据电容器与感应线圈的连接方式,可以把逆变器分为以下几种类型。

(1) 串联逆变器:电容器与感应线圈组成串联谐振电路。

(2) 并联逆变器:电容器与感应线圈组成并联谐振电路。

(3) 串、并联逆变器:综合以上两种逆变器的特点。

3. 平波电抗器

平波电抗器在电路中起到很重要的作用,归纳为以下几点。

(1) 续流:保证逆变器可靠工作。

(2) 平波:使整流电路得到的直流电流比较平滑。

(3) 电气隔离:它连接在整流和逆变电路之间起到隔离作用。

(4) 限制电路电流的上升率 di/dt 值:逆变失败时,保护晶闸管。

4. 控制电路

中频感应加热装置的控制电路比较复杂,一般包括整流触发电路、逆变触发电路、启动停止控制电路。

(1) 整流触发电路。整流触发电路主要是保证整流电路正常可靠工作,产生的触发脉冲必须达到以下要求。

① 产生相位互差 60°的脉冲,依次触发整流电路的晶闸管。

② 触发脉冲的频率必须与电源电压的频率一致。

③ 采用单脉冲时,脉冲的宽度应该大于 90°,小于 120°;采用双脉冲时,脉冲的宽度为 25°~30°,脉冲的前沿相隔 60°。

④ 输出脉冲有足够的功率,一般为可靠触发功率的 3~5 倍。

⑤ 触发电路有足够的抗干扰能力。

⑥ 控制角能在 0°~170°之间平滑移动。

(2) 逆变触发电路。加热装置对逆变触发电路的要求如下。

① 具有自动跟踪能力。

② 良好的对称性。

③ 有足够的脉冲宽度、触发功率,脉冲的前沿有一定的陡度。

④ 有足够的抗干扰能力。

(3) 启动、停止控制电路。启动、停止控制电路主要控制装置的启动、运行、停止,一般由按钮、继电器、接触器等电器元件组成。

5. 保护电路

中频装置的晶闸管的过载能力较差,系统中必须有比较完善的保护措施,比较常用的有阻容吸收装置和硒堆抑制电路内部过电压,电感线圈、快速熔断器等元件限制电流变化率和过电流保护。另外,还必须根据中频装置的特点,设计安装相应的保护电路。

<<<< ---

任务二　数字移相触发电路

一、任务描述与目标

目前晶闸管触发电路有模拟和数字两种电路,前面介绍的单结晶体管触发电路、锯齿波触发电路以及集成触发电路属于模拟电路,数字电路有可编程数字型和数字移相集成电路。可编程数字移相触发电路是通过编程设置同步和移相,如基于单片机的晶闸管触发电路、基于 CPLD 的晶闸管触发电路。数字移相触发电路是用计数的方法对晶闸管的移相触发进行控制,具有稳定性高、精度高、对称性好、抗干扰能力强、调试方便等优点,还可以实现远距离控制,因此,被广泛地应用。本次任务的目标如下。

(1) 了解数字移相触发电路;

(2) 能分析数字移相触发电路的工作原理;

(3) 会根据数字移相触发电路的工作原理调试触发电路;

(4) 掌握单片机控制电路的设计。

二、相关知识

(一) 数字移相触发电路组成

数字移相触发电路由同步移相、数字脉冲的形成、功率放大等部分组成。数字移相触发电路的特征是用计数(时钟脉冲)的办法来实现移相,它的时钟脉冲振荡器是一种电压控制振荡器,其输出脉冲频率受 α 移相控制电压 U_k 的控制,U_k 升高,则振荡频率升高,而计数器的计数量是固定的,计数器脉冲频率高意味着计算一定脉冲数所需时间短,也即延时时间短,α 角小,反之 α 角大。数字移相触发电路原理如图 5-11 所示。图中采用了集成数字电路器件,CD4046 为锁相环集成块,NE556 为双时基电路集成块,CD4020 为 14 级二进制串行计数器集成块,运放为 LM324 集成块,异或门为 4070 集成块,或非门为 4001 集成块。

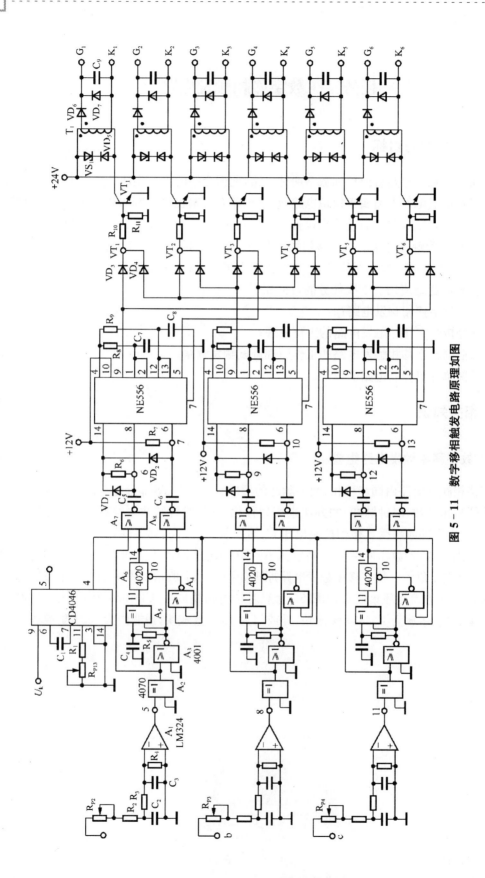

图 5 – 11 数字移相触发电路原理如图

（二）数字移相触发电路工作原理

1. 触发脉冲的产生

工作原理分析以 a 相同步信号产生的触发脉冲为例。

移相电路由 R_{P2}、R_3、R_3 及 C_2 组成，移相后的同步电压经零电压比较器 A_1 变换后输出方波电压，该电压经或门 A_2 和或非门 A_3 组合后输出相位互差 180°的矩形波同步信号。它们分别控制 A_7 和 A_8 的输出，允许 A_7 的输出在同步电压正半周给整流电路中的晶闸管 VS_1 提供触发脉冲，而 A_8 的输出在同步电压负半周给整流电路中的晶闸管 VS_4 提供触发脉冲。延时信号在异或门 A_5 中组合，A_5 的输出端获得与同步电压波形过零点相对应的窄脉冲作为 A_6（计数器）的置零脉冲。来自 CD4046 第 4 脚的脉冲列与 A_6（计数器）的 14 脚输出信号分别输入异或门 A_4，经 A_4 调制后输出到 A_6（计数器）的第 10 脚，作为 A_6（计数器）的调控 CP 脉冲。

A_6 是二进制串行异步计数器 4020，内部有 14 个 T 型触发器，第 10 脚是时钟脉冲输入端。当第 11 脚为 0 时，CP 脉冲下降沿计数；当第 11 脚为 1 时，14 个 T 型输出触发器输出均为零，即 Q1~Q14 均为零。A_6 的 14 脚为 Q10（第 10 个 T 型触发器的输出），当 2^9 ＝512 个脉冲下降沿到来时 Q10＝1。A_6 的 10 脚由 A_4 控制。当 A_6 的第 14 脚为低电平时，A_6 才能按 CP 脉冲计数，待到第 512 个 CP 脉冲的下降沿时，A_6 的第 14 脚变为高电平，这时，A_6 的第 10 脚无 CP 脉冲而停止计数，A_7 的输出端由高电平变为低电平。A_7 的输出经由电阻 R_6 和电容 C_5 组成的微分电路，使 NE556 的 8 脚有负向脉冲输入，NE556 的 9 脚则会输出一个正脉冲，该脉冲与 c 相同步信号负半周所产生的脉冲经过二极管 VD_3、VD_4 合成一个相位差为 60°的双窄脉冲。

三极管 VT_1 与脉冲变压器 T1 组成触发电路的功率放大级电路，触发电路输出的双窄脉冲信号经功放电路中的三极管 VT1 放大后由脉冲变压器 T_1 输出，即有触发脉冲去触发晶闸管 VS_1。同理，在同步电压负半周时，也有类似上述过程，从而触发晶闸管 VS_4。锁相环 CD4046 及其周围电路构成电压—频率转换器，其输出信号的周期随控制电压 U_k 而线性变化，电位器 R_{P13} 的作用是调节最低输出频率（相当于模拟电路的偏移电压调节）。电路各点波形如图 5 - 12 所示。

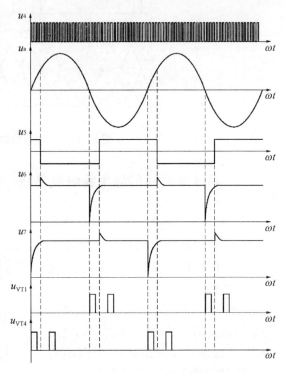

图 5 - 12　数字移相触发电路电压波形图（α＝150°）

2. 触发脉冲顺序

触发脉冲顺序与项目四中集成触发器的顺序要求一致，由主电路决定。如触发三相桥式全控整流电路,三相同步电压信号产生三相 6 路互差 60°的双窄脉冲去触发晶闸管 $VS_1 \sim$ VS_6,其脉冲顺序如图 5-13 所示。

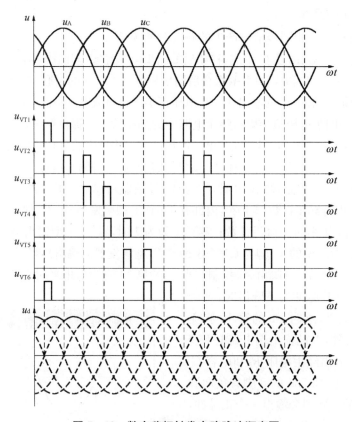

图 5-13 数字移相触发电路脉冲顺序图

三、基于单片机的晶闸管触发电路

1. 基于单片机的晶闸管触发电路组成

单片机控制的晶闸管触发电路主要由同步信号检测、CPU 硬件电路、复位电路和触发脉冲驱动电路 4 部分组成,如图 5-14 所示。CPU 通过检测电路获知触发信号,依据所要控制的电路要求,通过编程实现预定的程序流程,在相应时间段内通过单片机 I/O 端输

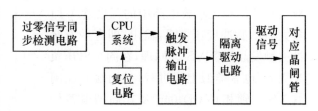

图 5-14 基于单片机的晶闸管触发电路框图

出触发脉冲信号,复位电路可保证系统安全可靠地运行。

2. 移相触发脉冲的控制原理

相位控制要求以整流电路的控制角为 0°的点为基准,经过一定的相位延迟后,再输出触发信号使晶闸管导通。在实际应用中,控制角为 0°的点通过同步信号给出,再按同步电压过零检

<<<< -

测的方法在 CPU 中实现同步,并由 CPU 控制软件完成移相计算,按移相要求输出触发脉冲。

如在项目三中的三相桥式全控整流电路,触发脉冲信号输出的相序也可由单片机根据同步信号电平确定,当单片机检测到 U 相同步信号时,输出脉冲时序通常采用移相触发脉冲的方法,即用一个同步电压信号和一个定时器完成触发脉冲的计算。这在三相电路对称时是可行的。因为三相完全对称,各相彼此相差 120°,电路每隔 60°换流一次,且换流的顺序事先已知。

因为只用一个同步输入信号,所有晶闸管的触发脉冲延迟都以其为基准。为了保证触发脉冲延迟相位的精度,用一个定时器测量同步电压信号的周期,并由此计算出 60°和 120°电角度所对应的时间。由于三相桥式全控整流电路的触发电路必须每隔 60°触发导通一只晶闸管,也就是说,每隔 60°时间必然要输出一次触发脉冲信号,因此,作为基准的第一个触发脉冲信号必须调整到小于 60°才能保证触发脉冲不遗漏。

当以 U 相同步电压信号为基准,单片机检测到 U 相同步电压信号正跳变时,启动定时器工作。当定时器溢出时,输出第一个触发脉冲信号,以后由所计算出的周期确定每隔 60°电角度时间输出一次触发脉冲,直到单片机再次检测到 U 相同步信号的正跳变,这个周期结束,开始下一个周期。需要注意,从单片机检测到同步电压正跳变到输出第一个触发脉冲信号的时间,必须调整到小于等于 60°电角度时间,否则会造成触发脉冲的遗漏。

第一个触发脉冲相对于同步信号正跳变的时间,可根据三相桥式全控整流电路的触发相序来调整,如图 5-15 所示。图 5-15 中 α_1 为触发延迟角,$(\alpha_2-\alpha_1)$、$(\alpha_4-\alpha_3)$ 均为触发窄脉冲宽度 60°,α_0 为同步脉冲信号的一个标准周期 360°。u_{g0} 表示同步脉冲信号,u_{g1}、u_{g2}、u_{g3}、u_{g4}、u_{g5}、u_{g6} 分别表示 VS$_1$、VS$_2$、VS$_3$、VS$_4$、VS$_5$、VS$_6$ 触发脉冲信号,其中 0 表示低电平,1 为高电平。

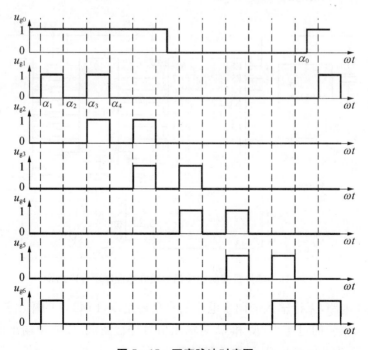

图 5-15 双窄脉冲时序图

依照三相桥式全控整流电路对触发脉冲的要求,输出触发脉冲分为3种情况。

(1)当移相触发延迟角 $\alpha \leqslant 60°$,此时以 U 相同步信号为基准,按控制角时间定时输出的第一个脉冲,应该是 U 相 VS_1 晶闸管的触发信号,触发延迟时间和触发脉冲的顺序无需调整,之后每隔 60°时间,依次输出 VS_2、VS_3、VS_4、VS_5、VS_6 晶闸管的触发信号。

(2)当移相触发延迟角 $60° < \alpha \leqslant 120°$时,为保证触发脉冲不遗漏,应将控制角的定时时间调整在 60°时间之内,即减去一个 60°时间。同时输出触发脉冲的时序也要进行调整,此时第一个输出触发脉冲信号应该是 V 相 VS_6 晶闸管的触发信号,之后每隔 60°电角度时间,依次输出 VS_1、VS_2、VS_3、VS_4、VS_5 晶闸管的触发信号。

(3)当移相触发延迟角 $\alpha > 120°$时,要将控制角的定时时间调整在 60°电角度时间内,从而保证触发脉冲不遗漏,则需减去一个 120°电角度时间,并且对触发脉冲时序进行相应调整,此时第一个输出触发脉冲信号应该是 W 相 VS_5 晶闸管的触发信号,之后每隔 60°电角度时间,依次输出 VS_1、VS_2、VS_3、VS_4 晶闸管的触发信号。

3. 基于单片机的晶闸管触发电路硬件组成

图 5-16 给出单片机控制的移相触发脉冲控制硬件电路图。

单片机选用 AT89C2051,其属于 MCS-51 系列小型单片机,共有 20 个引脚,2 KB 内存。同步信号的输入经电阻 R_1,R_1 起到限流和保护的作用,正弦同步信号经 VD_1 和 VD_2 两个限制比较器输入电压的钳位二极管削波后,送入比较器 LM339 的输入端,LM339 输出为 180°与电源相位相同的方波。同步检测信号发生正跳变时,经反相以中断方式向单片机的 INT0(引脚 6)提供同步指令,从表面上看好像是外部中断信号输入,实际上是要计量脉冲的宽度,这取决于信号到来的时间。

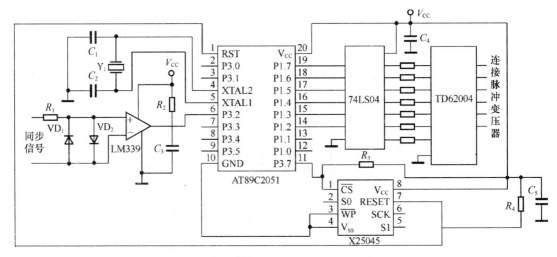

图 5-16   单片机控制的移相触发脉冲控制硬件电路图

使用该比较电路,无论输入的同步电压信号高还是低,LM339 的输出信号都能较准确地反映同步输入信号的过零点,R_2 和 C_3 对输出信号进行滤波,以避免输出信号出现波动。由于 AT89C2051 为 8 位单片机,所以该触发器内部均为 8 位数字量计算,其触发延迟角范围为 0°~180°,控制精度为 0.7°,虽然控制精度受到内部运算位数的限制,但足以满足一般控制要求。

AT89C2051 的 P1 端口的 P1.2～P1.7(引脚 14～19)分别用于输出三相桥式全控整流电路 VS₁～VS₆ 的触发脉冲信号,6 路脉冲信号经 741504 反相放大,推动功率放大器 TD62004,该器件的输出连接到脉冲变压器的初级绕组。为了使复位更可靠,采用先进的专用上电复位器件 X25045,该器件具有可编程定时器,采用 SPI 总线结构。

定时器看门狗的作用是保证在设定的时间内,若系统程序走死,不能定时访问 X25045 的片选端,X25045 能对系统复位,提高系统的可靠性,给单片机提供独立的保护系统。其他的端口如 P1 端口的 P1.0～P1.1(引脚 12 和 13)可作为过压、过流指示,P3 端口的 P3.4～ P3.5(引脚 8 和 9)作为过压和过流的输入端,P3 端口的其余端口可以从整流端采集电压负反馈信号经 A/D 转换后进行数字 PI 调节,构成电压负反馈闭环控制,以保证整流输出端电压稳定。

4. 基于单片机的晶闸管触发脉冲软件的设计

触发脉冲的控制软件可方便地进行延迟计算,由软件完成系统初始化、初值的输入和电角度时间的计算并送入定时器,通过外部中断实现触发延迟角的处理。由于 AT89C2051 上电复位期间所有端口均输出高电平,为了保证复位期间所有晶闸管都没有触发信号的触发,应采用低电平为有效触发晶闸管的信号。软件流程图如图 5-17 所示。

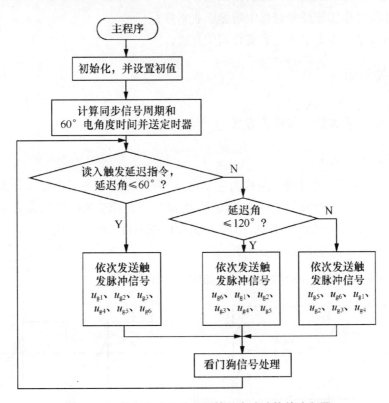

图 5-17 基于单片机的晶闸管触发脉冲软件流程图

任务三　中频感应加热电源主电路

一、任务描述与目标

中频感应加热电源主电路结构图如图 5-10 所示。三相全控桥式整流在项目三中已经介绍,它将交流电能转换成直流电能,直流电压 U_d 经大电感 L_1 加到逆变桥的输入端,保证输入电流 i_d 近于平滑,故逆变器为电流源单相全控桥式逆变,其作用是将直流电转换成中频交流电,图中负载与补偿电容 C_H 并联构成并联谐振逆变电路。本次任务的主要内容:① 将整流电路输出的直流电逆变成一定频率的交流电的逆变电路;② 逆变电路对触发电路要求。任务目标如下。

(1) 了解逆变的基本概念;

(2) 掌握单相并联谐振逆变电路的工作原理;

(3) 了解单相并联谐振逆变触发电路;

(4) 掌握中频感应加热电源的工作原理;

(5) 在小组合作实施任务过程中培养职业素养;

(6) 了解复杂电力电子装置的安装调试方法。

二、相关知识

(一) 逆变的基本概念和换流方式

1. 逆变的基本概念

将直流电变换成交流电的电路称为逆变电路,根据交流电的用途可以分为有源逆变和无源逆变。有源逆变是把交流电回馈给电网,无源逆变是把交流电供给需要不同频率的负载。无源逆变就是通常说到的变频。部分相关知识在项目二中有应用。

2. 逆变电路基本工作原理

逆变电路原理示意图和对应的波形图如图 5-18 所示。

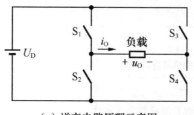

（a）逆变电路原理示意图

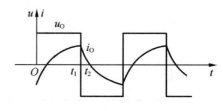

（b）逆变电路波形图

图 5-18　逆变电路原理示意图

图 5-18(a)所示为单相桥式逆变电路,4 个桥臂由开关构成,输入直流电压 U_D。当开关 S_1、S_4 闭合,S_2、S_3 断开,负载上得到左正右负的电压,输出 u_O 为正;间隔一段时间后将 S_1、S_4 断开,S_2、S_3 闭合,负载上得到右正左负的电压,即输出 u_O 为负。若以一定频率交替切换 S_1、S_4 和 S_2、S_3,负载上就可以得到如图 5-18(b)所示的波形。这样就把直流电变换成交流电。改变两组开关的切换频率,可以改变输出交流电的频率。电阻性负载时,电流和电压的波形相同。电感性负载时,电流和电压的波形不相同,电流滞后电压一定的角度。

3. 逆变电路的换流方式

对逆变器来说,关键的问题是换流。换流实质就是电流在由半导体器件组成的电路中不同桥臂之间的转移。常用的电力变流器的换流方式有以下几种。

(1)负载谐振换流。由负载谐振电路产生一个电压,在换流时关断已经导通的晶闸管,一般有串联和并联谐振逆变电路,或两者共同组成的串并联谐振逆变电路。

(2)强迫换流。附加换流电路,在换流时产生一个反向电压关断晶闸管。

(3)器件换流。利用全控型器件的自关断能力进行换流。

4. 逆变电路的分类

电路根据直流电源的性质不同,可以分为电流型、电压型逆变电路。

(1)电压型逆变电路(电路图如图 5-19 所示),电压型逆变电路的基本特点如下。

① 直流侧并联大电容,直流电压基本无脉动;

② 输出电压为矩形波,电流波形与负载有关;

③ 电感性负载时,需要提供无功,为了有无功通道,逆变桥臂需要并联二极管。

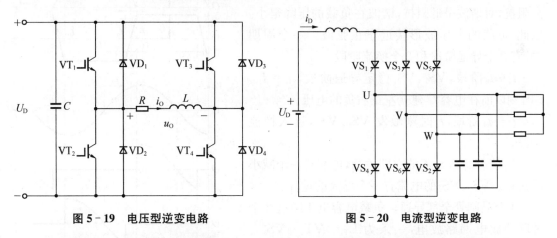

图 5-19 电压型逆变电路　　　　图 5-20 电流型逆变电路

(2)电流型逆变电路(电路图如图 5-20 所示),电流型逆变电路的基本特点如下。

① 直流侧串联大电感,直流电源电流基本无脉动;

② 交流侧电容用于吸收换流时负载电感的能量,这种电路的换流方式一般有强迫换流和负载换流;

③ 输出电流为矩形波,电压波形与负载有关;

④ 直流侧电感起到缓冲无功能量的作用,晶闸管两端不需要并联二极管。

（二）单相并联谐振逆变电路

1. 电路结构

单相并联谐振逆变电路原理图如图 5 - 21 所示。桥臂串入 4 个电感器，用来限制晶闸管开通时的电流上升率 $\mathrm{d}i/\mathrm{d}t$。$VS_1 \sim VS_4$ 以 1 000 Hz～5 000 Hz 的中频轮流导通，可以在负载得到中频电流。采用负载换流方式，要求负载电流要超前电压一定的角度。负载一般是电磁感应线圈，用来加热线圈的导电材料，等效为 R、C 串联电路。并联电容 C 主要为了提高功率因数。同时，电容 C 和 R、L 可以构成并联谐振电路，因此，这种电路也叫并联谐振式逆变电路。

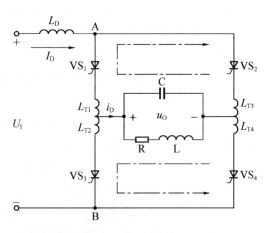

图 5 - 21   单相并联谐振逆变电路原理图

2. 工作原理

单相并联谐振逆变电路波形如图 5 - 22 所示。输出的电流波形接近矩形波，含有基波和高次谐波，且谐波的幅值小于基波的幅值。

基波频率接近负载谐振的频率，负载对基波呈高阻抗，对谐波呈低阻抗，谐波在负载的压降很小。因此，负载的电压波形接近于正弦波。一个周期中，有 2 个导通阶段和 2 个换流阶段。

$t_1 \sim t_2$ 阶段，VS_1、VS_4 稳定导通阶段，$i_O = I_D$。t_2 时刻以前在电容 C 建立左正右负的电压。

$t_2 \sim t_4$ 阶段，t_2 时刻触发 VS_2、VS_3，进入换流阶段。

L_T 使 VS_1、VS_4 不能立即关断，电流有一个减小的过程。VS_2、VS_3 的电流有一个增大的过程。

4 个晶闸管全部导通。负载电容电压经过 2 个并联的放电回路放电，一条为 L_{T1}—VT_1—VS_3—L_{T3}—C，另一条为 L_{T2}—VS_2—VS_4—L_{T4}—C。

$t = t_4$ 时刻，VS_1、VS_4 的电流减小到零而关断，换流过程结束。$t_2 \sim t_4$ 称为换流时间，t_3 时刻位于 $t_2 \sim t_4$ 的中间位置。

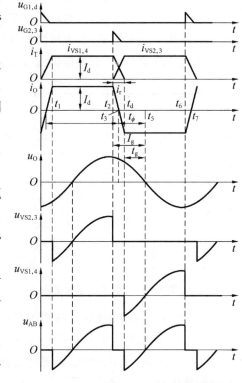

图 5 - 22   单相并联谐振逆变电路波形图

为了可靠关断晶闸管，不导致逆变失败，晶闸管需要一段时间才能恢复阻断能力，换流结束以后，还要让 VS_1、VS_4 承受一段时间的反向电压。这个时间称为 $t_β = t_5 - t_4$，$t_β$ 应该大于晶闸管的关断时间 t_q。

为了保证可靠换流,应该在电压 u_O 过零前 t_δ 时间($t_\delta = t_5 - t_2$)触发 VS_2、VS_3。t_δ 称为触发引前时间,$t_\delta = t_\beta + t_\gamma$,电流 i_O 超前电压 u_O 的时间为 $t_\varphi = t_\beta + 0.5 t_\gamma$。

3. 基本数量分析

如果不计换流时间,输出电流的傅立叶展开式为

$$i_O = \frac{4I_d}{\pi}\left[\sin(\omega t) + \frac{1}{3}\sin(3\omega t) + \frac{1}{5}\sin(5\omega t) + \cdots\right]$$

其中基波电流的有效值为

$$I_{O1} = \frac{4I_d}{\sqrt{2}\pi} = 0.9I_d$$

负载电压的有效值与直流输出电压的关系为

$$U_O = \frac{\pi U_d}{2\sqrt{2}\cos\varphi} = 1.11\frac{U_d}{\cos\varphi}$$

4. 几点说明

实际工作过程中,感应线圈的参数随时间变化,必须使工作频率适应负载的变化而自动调整。这种工作方式称为自励工作方式。

固定工作频率的控制方式称为他励方式,他励方式存在启动问题。一般解决的方法是先用他励方式,到系统启动以后再转为自励方式,附加预充电启动电路。

(三)逆变触发电路

逆变触发电路与整流触发电路不同,根据前面介绍的单相并联谐振逆变电路的工作原理分析可知,逆变触发电路必须满足以下要求。

① 输出电压过零之前发出触发脉冲,超前时间 $t_\delta = \varphi/\omega$。

② 在感应炉中,感应线圈的等效电感 L 和电阻 R 随加热时间而变化,振荡回路的谐振频率 f_0 也是变化的,为了保证工作过程中,$f > f_0$ 且 $f \approx f_0$。要求触发脉冲的频率随之自动改变,要求频率自动跟踪。

③ 为了触发可靠,输出的脉冲前沿要陡,有一定的幅值和宽度。

④ 必须有较强的抗干扰能力。

要满足以上要求的触发电路,只能用自励式的,即采用频率自动跟踪。实现的方法较多,下面主要介绍几种常见的电路。

1. 定时跟踪电路

所谓定时跟踪,即保持负载电压 u_O 过零前产生门极控制脉冲的时间不变,也就是保持超前时间 t_β 为恒值。图 5-23 为定时跟踪逆变触发电路原理图。

图 5-23 中 TV 是中频电压互感器,TA_5 是中频电流互感器,适当调节电位器 R_{P5} 和 R_{P6} 便可获得需要的 t_β 值,R_{P5} 和 R_{P6} 的动端位置一经确定,t_β 值不变。电位器 R_{P5}、R_{P6} 隔离变压器及周边电路构成信号检测电路,N1 和 N2 为比较器,其输入端交叉连接,将输入信号转换为

相位互补的矩形波,经 RC 微分电路转换成两路双向尖脉冲,并分别送入两个单时基电路A₂

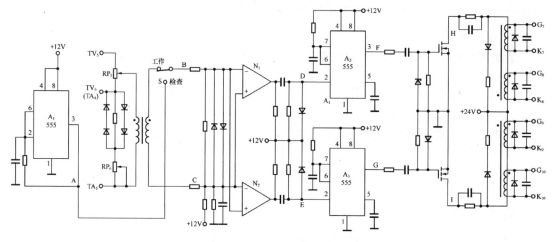

图 5‒23　定时跟踪逆变触发电路原理图

和 A_3 的引脚 2,A_2 和 A_3 接成脉宽可调的触发器,输出矩形脉冲经微分电路再次转换成尖脉冲,并加到场效应管的栅极上,2 只脉冲变压器均有 2 个二次绕组,分别输出逆变晶闸管的门极触发信号。

　　A_1 为单时基电路,它产生独立的振荡频率脉冲,作为检查逆变触发电路用,S 为"检查"与"工作"的状态转换开关。"检查"位置时逆变触发电路波形如图 5‒24 所示。

　　2. 定角控制电路

　　定角控制电路及波形如图 5‒25 所示,通过接在负载两端的中频信号变压器取得负载电压信号 U_H,用 U_H 产生超前脉冲。图中 U_H 在电位器产生的电压波形为中频半波整流波形。分压后还是半波波形,只是幅值减小。U_R 通过 VD_3 对电容 C 充电,充电到 U_R 的峰值后,VD_3 截止,C 两端的电压与电位器的电压相等,所以从 B 点开始,C 要通过二极管 VD_4—晶体管 VT_1 的基极—射极—R 放电。晶体管 VT_1 在 B 点开始导通并饱和,到 C 放电完毕,晶体管 VT_1 恢复截止。在晶体管 VT_1 的集电极形成脉冲电压 U_C,把 U_C 整形放大后,可用来触发晶闸管。

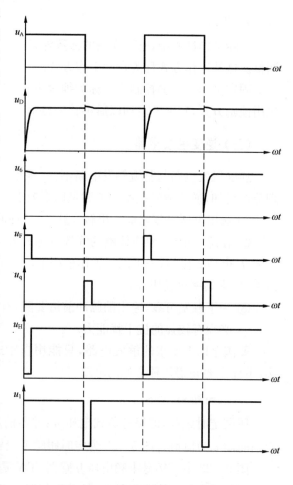

图 5‒24　逆变触发电路波形图

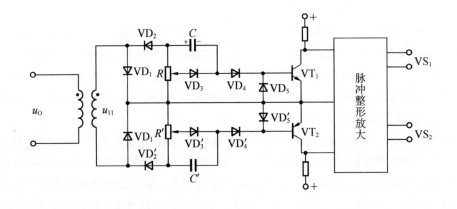

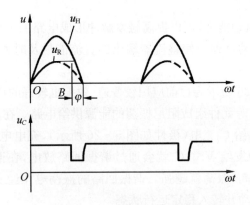

图 5－25　定角控制电路图及波形

只要改变分压比,调节电位器 R,就可以将 Φ 整定到需要的值。由于 Φ 的大小取决于分压比,与逆变器的工作频率无关,一旦确定,Φ 就不随工作频率 f 改变,所以叫定角控制。

(四) 逆变主电路的启动与保护

1. 并联逆变器的启动

如前所述,由于需要频率自动跟随,所以逆变器工作于自励状态,逆变触发脉冲的控制信号取自负载。当逆变器尚未投入运行时,无从获得控制信号,如何建立第一组逆变触发脉冲,以启动逆变器,使逆变器可靠地由启动转到稳定运行,这就是逆变器的启动问题。此外,逆变器在启动以后,一般都能够适应任何实际负载,而在启动时则不然,因此,有时也把启动问题归结为负载适应性问题。

并联逆变器的启动方法很多,基本上可分为两类:他励启动(共振法)和自励启动(阻尼振荡法)。

(1) 他励启动。他励启动是先让逆变触发器发出频率与负载谐振回路的谐振频率相近的脉冲,去触发逆变桥晶闸管,使负载回路逐渐建立振荡,待振荡建立后,就由他励转成自励工作。采用这种方法的线路简单,只需一个可调频多谐振荡器和他励—自励转换电路,因而可降低装置的造价。但工作中,必须预知负载的谐振频率,并且在更换负载时,要重新校正启动频率,使之和负载谐振频率相近。

这种启动方式较适于作为同频带宽的负载(谐振频率 Q 值低的负载)启动用。一般,对 $Q \leqslant 2$ 的负载最适用。对于 Q 值高,即通频带窄、共振区小的负载,将要求更精确校正启动频率,若 Q 值太高,使得共振区小得和逆变器启动时的引前角可以比拟时,逆变器就不能启动。其原因是他励启动时,负载两端的电压是从零逐渐建立起来的,所以启动时的 $\mathrm{d}i/\mathrm{d}t$ 很小,换流能力差,需要较大的引前角才能启动。

(2) 自励启动。自励启动是预先给负载谐振频率回路中的电容器(或电感)充上能量,然后在谐振电路中产生阻尼振荡,从而使逆变器启动。此法线路复杂,启动设备较庞大,但特别适于负载回路 Q 值高的场合。尤其适用于熔炼负载,因为熔炼负载的品质因数 Q 值比较高,预充电的能量消耗慢,振荡衰减慢,容易启动;如果 Q 值太低,则预充电的能量消耗太快,振荡衰减太快,启动就困难。

为了提高装置的自励启动能力,可以提高触发脉冲形成电路的灵敏度,加大启动电容器的电容量和能量,以及在启动过程中使整流器输出的直流能量及时通过逆变器补充到负载谐振电路中去。

(3) 启动线路。图 5-26 所示为目前应用较普遍、效果也较好的启动线路。

该线路由 $\mathrm{VS_q}$、L_q 和 C_q 等元件组成阻尼振荡的能源供给电路。在启动逆变器之前,先由工频电源经整流后,通过 R_q 给 C_q 充电(极性如图 5-26 所示),充电电压最高可为逆变器的直流电源电压。启动时,触发给 $\mathrm{VS_q}$,C_q 就会通过谐振回路放电,在谐振回路中引起振荡。C_q 的容量越大,充电电压越高,振荡就越强。谐振回路的振荡电压经变换,形成触发脉冲去触发逆变桥晶闸管,使之启动并转入稳定运行状态。

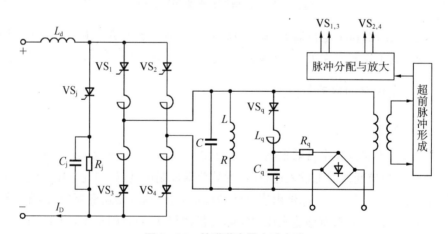

图 5-26　并联逆变器启动电路

由 C_q 放电引起的是阻尼振荡,特别是 Q 值低的谐振回路,振荡衰减很快,必须要在头一两个衰减波内发出触发脉冲。为此,要求逆变触发器具有足够高的灵敏度。另外,为防止振荡衰减,应在逆变桥晶闸管触发后,立即从直流电源取得能量,去补充谐振回路的能量消耗。但在直流电源端串联着大的滤波电抗器 L_d,惯性很大,电流只能由零逐渐增大,这样由整流器向逆变器输送能量就需要一定的时间,为缩短这一滞后时间,本线路中装设了由 $\mathrm{VS_j}$、R_j、C_j 组成的预磁化电路。

<<<< --------------------------------------

在启动逆变器之前,先触发 VS_j,让滤波电抗器流过电流 I_{dj}。使之预先磁化,一旦逆变器启动,电抗器中已建立的电流就会由于 VS_j 的关断,被迫流向逆变器,及时地给负载谐振回路补充能量,以保持衰减振荡波幅不致降低而提高启动的可靠性。预磁化电流 I_{dj} 的大小取决于直流电源和 R_j。

一般取 $I_{dj}=(0.2\sim 0.8)I_d$,谐振回路 Q 值高的取小值,反之则取大值。I_{dj} 大一点有利于启动,但太大有可能引起过流保护误动作。当逆变器触发后,C_q 上的电压会使逆变桥直流侧电压瞬时下降到零,甚至变负,这时 C_j 上充的电压就会迫使 VS_j 自动关断。逆变器启动以后,振荡回路进入负半波时,VS_q 也会被迫关断。因此,启动完毕,启动用的辅助元件都会自动从回路中切除。

启动过程如下。接通整流器、各控制回路和 C_q 的预充电回路的电源后,触发 VS_j 建立电流 I_{dj},触发 VS_q 引起振荡。此后,即自动触发 VS_1、VS_3,使 VS_j 关断,触发 VS_2、VS_4,迫使 VS_q 关断。到此,启动过程结束,装置进入正常运行状态。

(4) 附加并联启动线路。如图 5-27 所示,由 VS_5、VS_6、电阻 R_q、电容器 C_q 组成辅助并联线路,此线路的容量比逆变器中的都小。

启动开始后的最初几个周期,由电源电路驱动外侧的两对晶闸管工作。换言之,交替触发 VS_3、VS_5 和 VS_2、VS_6,晶闸管 VS_1、VS_4 暂时处于关断状态。按照这种工作方式,在临界启动期间,串联的启动电容器 C_q 使电路具有充分的换向能力。这样,当并联补偿负载回路中建立了足够电流的时候,只要在周期中的适当时刻,触发主逆变器中相应的晶闸管,

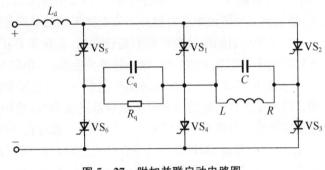

图 5-27　附加并联启动电路图

启动电路就会自动地退出工作,逆变器随即固定于最终工作状态,交替地触发 VS_1、VS_3 和 VS_2、VS_4。

电阻 R_q 的作用。一是在进行启动以前,先触发 VS_1、VS_6 或 VS_5、VS_4(只触发一次),使滤波电抗器流过预磁化电流,调节 R_q 即可改变预磁化电流的大小;二是进入启动状态后,不管逆变器的工作频率如何,电阻 R_q 总能使 C_q 两端电压限定在某已知值上,因此,启动电路基本上不受工作频率的干扰。

此线路适用于一切实际负载,其工作频率可达 1.5 kHz 左右。

(5) 他励到自励的转换。图 5-28 所示为他励启动线路。

启动时,接通直流电源后,首先由频率可调的多谐振荡器产生脉冲,触发逆变桥臂的晶闸管进行他励启动。负载回路的振荡一经建立,负载回路的中频电流电压信号就通过电流互感器和电压互感器输出至频率自动跟随系统,按电流电压信号交角形式,由脉冲形成电路产生相位互差 180°的两组脉冲。这两组脉冲分成两路,一路去强迫多谐振荡器与之同步,另一路进入脉冲整形电路。

多谐振荡器经同步的输出脉冲和脉冲整形电路输出的脉冲同时进入脉冲功放电路,由

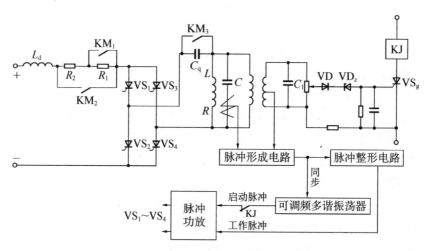

图 5‑28　他励到自励的转换电路

功放电路输出脉冲去触发逆变器的晶闸管。在系统稳定运行时,即中频电压幅值达到一定值后,VS_g 被触发导通,KJ 得电吸合,便将多谐振荡器的电源和输出切断,多谐振荡器停止工作,逆变桥晶闸管便单独由脉冲形成电路形成的脉冲经整形、放大后去触发。

　　由他励到自励的转换时刻不是任意的,必须避开正常触发脉冲的时限。如果转换时刻正好是他励发出脉冲的时刻,则此脉冲便会漏掉,串联电容 C_q 上就要继续充电,电压增高一倍,可能造成系统过压。所以转换时刻必须选在他励脉冲之前,这点只要装设稳压管就可做到。因为在 VD 两端的中频电压信号是正弦曲线,稳压二极管 VD_z 的导通最晚时刻是 90°,而他励脉冲不可能在 U_{VD} 信号 90° 处发生,一般总在 90° 以后才出现。事实上,稳压管 VD_z 则总在 90° 之前导通,即转换信号总在 90° 之前发生,所以两者不会碰头。当然,用继电器控制转换时刻是不准确的,应该用晶体管开关线路来控制。

　　线路中,R_1 和 R_2 是启动时的限流电阻,启动完毕就应切除。值得强调指出,他励启动用的多谐振荡器的工作频率小,必须低于启动时(冷态或热态)的负载回路的谐振频率,否则频率自动跟随电路所测信号形成的脉冲就不可能使多谐振荡器同步,从而使逆变器触发脉冲紊乱,引起逆变失败。

　　当然,如果不采用脉冲形成电路的输出脉冲去强迫可调频多谐振荡器同步,而是由他励直接切换到自励,则启动时,让多谐振荡器的频率高于固有谐振频率的 15%～30% 会更好些。

　　(6) 零启动方式。将整流器直流输出电压从零开始逐渐升高,并辅之以他励方式触发逆变晶闸管,待电压达一定高度,频率跟随系统能正常工作后,即把他励触发回路切除,转用频率自动跟随系统工作,这就是所谓的零启动方式。在此方式下,负载回路不再需要预先用外加直流电源提供能量引起振荡,而是直接由逆变器提供能量。只要在他励中频信号源频率大于负载的固有振荡频率的某一范围内,逆变器输入端直流电压便会慢慢上升,启动即能完成。当然,在启动过程中,随着负载变化,他励触发频率也应做相应改变,否则启动就不易成功。这种方式的优点是启动方便,较易成功,即使失败,也不致引起大的冲击电流,因为电压是从零开始逐渐升高的。

2. 逆变电路起动失败原因分析

实际中,有很多因素引起逆变启动的失败,主要有以下几个方面。

(1)启动电路能量不够。启动的初始阶段,负载电路依靠电容 C_S 储能。电容 C_S 的储能较小,负载电压减幅振荡。导致超前信号电路的输入信号太弱而无输出脉冲,启动失败。为了提高启动成功率,可适当增加电容 C_S 的值和提高 U_{DO}。

(2)直流端能量补充太慢。直流侧串联有大电感 L_d,启动时电流的增长速度比较缓慢,不能对逆变电路及时输送足够的能量,导致启动失败。

(3)逆变桥换相失败。带重负载启动时,由于电压低、电流大、叠流期延长而使晶闸管无法关断,换相失败而导致无法启动。为了防止这种情况发生,可以采用 t_β 自动调节的方式,启动时自动调节 t_β 的给定值。

三、总结与提升

(一)单相串联谐振逆变电路

单相串联谐振逆变电路结构如图5-29所示。

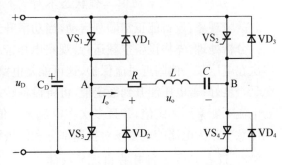

直流侧采用不可控整流电路和大电容滤波,从而构成电压源型变频电路。电路为了续流,设置了反并联二极管 $VD_1 \sim VD_4$,补偿电容 C 和负载电感线圈构成串联谐振电路。为了实现负载换流,要求补偿以后的总负载呈容性,即负载电流 i_o 超前负载电压 u_o 的变化。

图5-29 单相串联谐振逆变电路结构图

电路工作时,变频电路频率接近谐振频率,故负载对基波电压呈现低阻抗,基波电流很大,而对谐波分量呈现高阻抗,谐波电流很小,所以负载电流基本为正弦波。另外,还要求电路工作频率低于电路的谐振频率,以使负载电路呈容性,负载电流 i_o 超前电压 u_o,以实现换流。

图5-30为电路输出电压和电流波形图。设晶闸管 VS_1、VS_4 导通,电流从 A 流向 B,u_{AB} 为左正右负。由于电流超前电压,当 $t = t_1$ 时,电流 i_o 为零,当 $t > t_1$ 时,电流反向。由于 VS_2、VS_3 未导通,反向电流通过二极管 VD_1、VD_4 续流,VS_1、VS_4 承受反压关断。当 $t = t_2$ 时,触发 VS_2、VS_3,负载两端电压极性

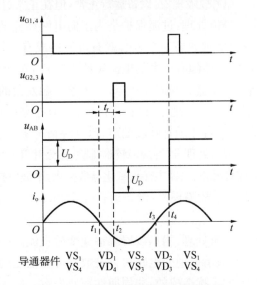

图5-30 单相串联谐振逆变电路波形

反向,即 u_{AB} 左负右正,VD1、VD$_4$ 截止,电流从 VS$_2$、VS$_3$ 中流过。当 $t=t_3$ 时,电流再次反向,电流通过 VD$_2$、VD$_3$ 续流,VS$_2$、VS$_3$ 承受反压关断。当 $t=t_4$ 时,再触发 VS$_1$、VS$_4$。二极管导通时间 t_f 即为晶闸管反压时间,要使晶闸管可靠关断,t_f 应大于晶闸管关断时间 t_q。

串联谐振式变频电路启动和关断容易,但对负载的适应性较差。当负载参数变化较大且配合不当时,会影响功率输出。因此,串联变频电路适用于淬火热加工等需要频繁启动、负载参数变化较小和工作频率较高的场合。

(二) 中频感应加热电源常见故障的诊断

1. 开机设备不能正常启动

(1) 故障现象:重载冷炉启动时,各个电参数和声音都正常,但功率升不上去,过流保护。

分析处理:逆变换流角太小,把换流角调到合适值。

(2) 故障现象:启动时各电参数和声音都正常,升功率时电流突然没有,电压到额定值过压过流保护。

分析处理:负载开路,检查负载铜排接头和水冷电缆。

2. 开机设备能启动但工作状态不对

故障现象:设备能正常顺利启动,当功率升到某一值时过压或过流保护。

分析处理:先将设备空载运行,观察电压能否升到额定值;若电压不能升到额定值并且多次在电压某一值附近过流保护,这可能是电路某部分打火造成的,查看主电路各连接头接触是否良好;若电压能升到额定值,可将设备转入重载运行,观察电流值是否能达到额定值;若电流不能升到额定值,并且多次在电流某一值附近过流保护,这可能是大电流干扰,要特别注意中频大电流的电磁场对控制部分和信号线的干扰。

3. 设备正常运行时易出现的故障

(1) 故障现象:设备运行正常,但在正常过流保护动作时烧毁多只晶闸管和快速熔断器。

分析处理:过流保护是为了向电网释放平波电抗器的能量,整流桥由整流状态转到逆变状态,这时如果 $\alpha < 120°$,就有可能造成有源逆变颠覆,烧毁多只晶闸管和快速熔断器,开关跳闸,并伴随有巨大的电流短路爆炸声,对变压器产生较大的电流和电磁力冲击,严重时会损坏变压器。为避免故障,可将整流触发角的初始相位整定在 150°。

(2) 故障现象:设备运行正常,但在高电压区内某点附近设备工作不稳定,直流电压表晃动,设备伴随有吱吱的声音,这种情况极容易造成逆变桥颠覆,烧毁晶闸管。

分析处理:这种故障较难排除,多发生于设备的某部件高压打火,如连接铜排接头螺丝松动造成打火,断路器主接头氧化导致打火,平波电抗器及补偿电容器接线柱螺丝松动引起打火。

(3) 故障现象:设备运行正常但不时地可听到尖锐的嘀嘀声,同时直流电压表轻微地摆动。

分析处理:用示波器观察逆变桥直流两端的电压波形,一个周期失败或不定周期短暂失败,并联谐振逆变电路短暂失败且可自恢复周期性短暂,失败一般是逆变控制部分受到整流脉冲的干扰造成的,非周期性短暂失败一般是由中频变压器匝间绝缘不良造成的。

(4) 故障现象:设备正常运行一段时间后出现异常声音,电表读数晃动,设备工作不稳定。

分析处理：设备工作一段时间后出现异常声音，工作不稳定，主要是设备的电气元器件的热特性不好，可把设备的电气部分分为弱电和强电两部分，分别检测。先检测控制部分，可预防损坏主电路功率器件，在不合主电源开关的情况下，只接通控制部分的电源，待控制部分工作一段时间后，用示波器检测控制板的触发脉冲，看触发脉冲是否正常。在确认控制部分没有问题的前提下，启动设备，待不正常现象出现后，用示波器观察每只晶闸管的管压降波形，找出热特性不好的晶闸管。若晶闸管的管压降波形都正常，这时就要注意其他电气部件是否有问题，要特别注意断路器、电容器、电抗器、铜排接点和中频变压器。

（5）故障现象：设备工作正常但功率上不去。

分析处理：设备工作正常只能说明设备各部件完好，功率上不去，说明设备各参数调整不合适。影响设备功率上不去的主要原因有以下几点。

① 整流部分没调好，整流管未完全导通，直流电压没达到额定值，影响功率输出。

② 中频电压值调得过高或过低影响功率输出。

③ 限流、限压值调节得不当，使得功率输出低。

（6）故障现象：设备运行正常但在某功率段升降功率时，设备出现异常声音抖动，电气仪表指示摆动。

分析处理：这种故障一般发生在功率给定电位器上，功率给定电位器某段不平滑跳动，造成设备工作不稳定，严重时造成逆变颠覆，烧毁晶闸管。

4. 晶闸管故障

（1）故障现象：更换晶闸管后一开机就烧毁晶闸管。

分析处理：设备出故障烧毁晶闸管，在更换新晶闸管后不要马上开机，首先应对设备进行系统检查排除故障，在确认设备无故障的情况下再开机，否则就会出现一开机就烧毁晶闸管的现象。在压装新晶闸管时一定要注意压力均衡，否则就会造成晶闸管内部芯片机械损伤，导致晶闸管的耐压值大幅下降，出现一开机就烧毁晶闸管的现象。

（2）故障现象：更换新晶闸管后开机正常，但工作一段时间又烧毁晶闸管。

分析处理：晶闸管工作温度过高，门极参数降低抗干扰能力下降，易产生误触发损坏晶闸管和设备，但也有可能是阻容吸收电路不好所致。

在更换晶闸管后一定要仔细检测设备，即使在故障排除后也要对设备进行系统检查。

任务四　设计与制作

2017 年国赛赛题——微电网模拟系统（A 题）

一、赛题

设计并制作由两个三相逆变器等组成的微电网模拟系统，其系统框图如图 5-31 所示，负载为三相对称 Y 连接电阻负载。

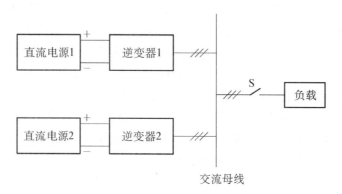

图 5‑31　微电网模拟系统结构示意图

1. 基本要求

(1) 闭合 S,仅用逆变器 1 向负载提供三相对称交流电。负载线电流有效值 I_o 为 2 A 时,线电压有效值 U_o 为 24 V$\pm$0.2 V,频率 f_o 为 50 Hz$\pm$0.2 Hz。

(2) 在基本要求(1)的工作条件下,交流母线电压总谐波畸变率(THD)不大于 3%。

(3) 在基本要求(1)的工作条件下,逆变器 1 的效率 η 不低于 87%。

(4) 逆变器 1 给负载供电,负载线电流有效值 I_o 在 0$\sim$2A 间变化时,负载调整率 $S_{I1}\leqslant$ 0.3%。

2. 发挥部分

(1) 逆变器 1 和逆变 2 能共同向负载输出功率,使负载线电流有效值 I_o 达到 3 A,频率 f_o 为 50 Hz$\pm$0.2 Hz。

(2) 负载线电流有效值 I_o 在 1$\sim$3 A 变化时,逆变器 1 和逆变器 2 输出功率保持为 1:1 分配,两个逆变器输出线电流的差值绝对值不大于 0.1 A。负载调整率 $S_{I2}\leqslant$0.3%。

(3) 负载线电流有效值 I_o 在 1$\sim$3 A 变化时,逆变器 1 和逆变器 2 输出功率可按设定在指定范围(比值 K 为 1:2$\sim$2:1)内自动分配,两个逆变器输出线电流折算值的差值绝对值不大于 0.1 A。

(4) 其他。

3. 说明

(1) 本题涉及的微电网系统未考虑并网功能,负荷为电阻性负载,微电网中风力发电、太阳能发电、储能等由直流电源等效。

(2) 题目中提及的电流、电压值均为三相线电流、线电压有效值。

(3) 制作时需考虑测试方便,合理设置测试点,测试过程中不需重新接线。

(4) 为方便测试,可使用功率分析仪等测试逆变器的效率、THD 等。

(5) 进行基本要求测试时,微电网模拟系统仅由直流电源 1 供电;进行发挥部分测试时,微电网模拟系统仅由直流电源 1 和直流电源 2 供电。

(6) 本题定义:① 负载调整率 $S_{I1} = \left| \dfrac{U_{o2}-U_{o1}}{U_{o1}} \right|$,其中 U_{o1} 为 $I_o = 0$ A 时的输出端线电

<<<<

压,U_{o2} 为 $I_o=2A$ 时的输出端线电压;② 负载调整率 $S_{12}=\left|\dfrac{U_{o2}-U_{o1}}{U_{o1}}\right|$,其中 U_{o1} 为 $I_o=$ 1 A 时的输出端线电压,U_{o2} 为 $I_o=3$ A 时的输出端线电压;③ 逆变器 1 的效率 η 为逆变器 1 输出功率除以直流电源 1 的输出功率。

（7）发挥部分(3)中的线电流折算值定义:功率比值 $K>1$ 时,其中电流值小者乘以 K,电流值大者不变;功率比值 $K<1$ 时,其中电流值小者除以 K,电流值大者不变。

（8）本题的直流电源 1 和直流电源 2 自备。

二、设计概述

设计采用 STC15F2K60S2 单片机为核心的 SPWM 逆变电源,单片机通过自然数查表法控制内部的 3 路硬件 PWM 模块,生成 SPWM 脉冲信号,采用双极性调制方案驱动三相全桥逆变电路,输出经 LC 低通滤波器滤波,最后在负载上得到稳定的正弦波交流电。其正弦波输出频率由单片机内部程序控制调节。另外本系统外接按键,按键能设定开始与停止。

三、系统设计

1. 正弦波逆变器的电路构成

逆变器电路框图如图 5‐32 所示,电路由两部分组成,将交流转化为直流的这个部分属于整流,整流器的作用是把交流电转化为直流电,这个过程可以是不可控的,也可以是可控的,这部分采用不可控的二极管将交流变成直流。整流之后采用电容进行滤波,滤波器的作用是将波动的直流量过滤成稳定的直流量,整个过程无论是从结构上还是性能上都能满足实验要求。最后直流变交流的部分为逆变部分,逆变器的作用是将直流电转化为交流电,经过电感滤波后然后供给负载,这里的 LC 滤波是为了滤除高次谐波,得到正弦波,而逆变器因为它输出的电压和频率与输入的交流电源无关,所以称为无源逆变器,它是正弦波逆变电路的核心,这里采用三相桥式逆变电路,用 PWM 控制调节输出电压及频率的大小。

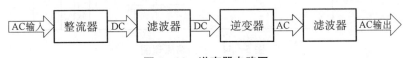

图 5‐32　逆变器电路图

2. 硬件设计

正弦波逆变器主要用的是 SPWM 控制技术,整体的电路具有简单的结构,而且在机械特性方面也表现良好,同时价格也比较低廉,这样的设计能完美达到题目的需求,并且已经在各种相关的行业里被普遍采用。

（1）总体原理图。

本系统主要采用的硬件滤波电路、三相全桥逆变电路、LC 滤波器、单片机、按键设置电路、显示模块、电压检测电路、电流检测电路以及一些外围电路,具体系统框图如图 5‐33 所示。

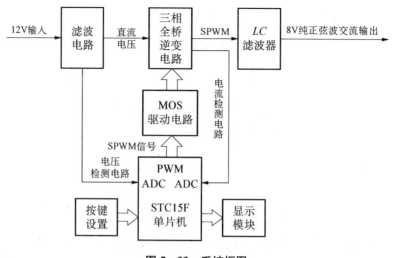

图 5‑33　系统框图

（2）主回路原理图。

主回路原理图如图 5‑34 所示，直流电输入后，先通过 2 个电容串联构成的滤波电路，得到输入电压的一半作为中点电位，作为三相输出的参考地。在逆变的部分采用了 6 个金属氧化物半导体管（即 MOS 管）组成了一个三相桥式逆变电路，最后使用双极性的调制方式进行调制，输出的 SPWM 波形经过电感、电容组成的 LC 滤波器滤除高次谐波，最后在负载就能获得三相的纯正弦波交流电压输出。

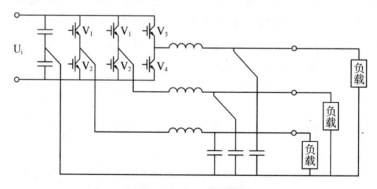

图 5‑34　主回路原理图

（3）单片机的选择。

设计所采用的单片机是 STC15F2K60S2，它能使系统得到充分的实现，内部自带高精度（0.4%）内部振荡器，它还拥有 38 个 I/O 口，该单片机内置上电复位电路，有 8 路 10 位 ADC 模数转换，每个 I/O 能设置成输入输出模式，并且具有 3 路 PWM 输出，通过软硬件设计，实现多功能的电机控制，且性价比高、抗静电、抗干扰、低功耗、低成本。

（4）滤波电路。

滤波电路的作用是把直流电压过滤，过滤掉其中不平整的脉动，这样的目的是确保之后的电路环节能得到优秀质量的电压或电流，本电路的滤波电路部分采用的是电容滤波电路。虽然从理论上来讲只要电容值越大，那么过滤的效果就越好，但是出于对实际的考虑，无论结构上还是价值上都不能这样,所以要计算电容的实际大小。

通过 2 个电容串联构成的滤波电路,得到输入电压的一半作为中点电位,作为三相输出的参考地。

(5)场效应管的选择。

如图 5-35 所示的三相全桥电路,其电路中需要用到 6 个场效应管,电路的两端都要与用电器连接。由于是市电接入,所以要选用拥有足够大耐压值的场效应管,设计选用 540 场效应管,即 33 A/110 V 的场效应管,这种场效应管无论是从耐压方面考虑,还是从通断时间方面考虑,都能满足设计的要求。

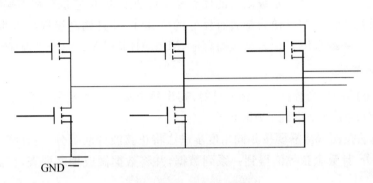

图 5-35 三相全桥可控电路

(6)驱动电路的选择。

半桥式驱动电路如图 5-36 所示,本全桥驱动电路采用 IR2104 作为它的驱动芯片,该芯片的优点是结构简单、性能可靠,并且能极大地提升电路的稳定性,降低设计难度。该芯片采用被动式泵荷升

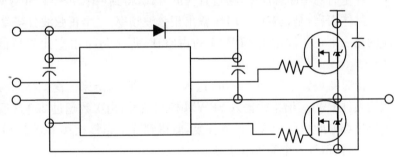

图 5-36 基于 IR2104 的半桥驱动电路

压原理。上电时,电源流过快恢复二极管 D 向电容 C 充电,C 上的端电压很快升至接近 V_{CC},这时如果下管导通,C 负极被拉低,形成充电回路,会很快充电至接近 V_{CC}。当 PWM 波形翻转时,芯片输出反向电平,下管截止,上管导通,C 负极电位被抬高到接近电源电压,水涨船高,C 正极电位这时已超过 V_{CC} 电源电压。因有 D 的存在,该电压不会向电源倒流,C 此时开始向芯片内部的高压侧悬浮驱动电路供电,C 上的端电压被充至高于电源高压的 V_{CC}。只要上下管一直轮流导通和截止,C 就会不断向高压侧悬浮驱动电路供电,使上管打开的时候,高压侧悬浮驱动电路电压一直大于上管的 S 极。采用该芯片降低了整体电路的设计难度,只要电容 C 选择恰当,该电路运行稳定。

综合以上的分析论证,设计采用 STC15F2K60S2 单片机作为控制系统,然后单片机通过自然数查表法控制内部的三路硬件 PWM 模块,生成 SPWM 脉冲信号,采用双极性调制方案驱动三相全桥逆变电路,输出经 LC 低通滤波器滤波,最后在负载上得到稳定的正弦波交流电。同时,液晶通过电流电压检测电路,实时显示运行状况。

四、程序设计

1. 程序选择说明

要完成正弦波逆变器的设计除了硬件方面的设计,还需要进行软件的设计,为了实现单片机的各种功能,软件程序的编制是不可缺少的。对于本系统的软件编程主要有两种编程语言,分别是汇编和 C 语言。汇编语言的优点是运行速度快,但它也存在难编程和难调试的缺点,而作为准高级语言的 C 语言却具有良好的可读性,并且调制过程简单明了,还有很好的移植性,所以本系统采用 C 语言来编写程序,MPLAB IDE V8.83 作为集成开发环境。

2. SPWM 查表

根据正弦波的一系列数据进行精确计算,得出每个脉冲的宽度和它们之间的间隔,以此来操控开关器件的通断来得到 PWM 波形。

SPWM 算法按照规律需要按相同角度步进法将正弦波分成等分,设计将一个正弦波平均分成 300 等分,计算余弦数值得到一系列数据,并将数据做成程序列表,存储进单片机的 ROM 里面。

3. 定时器中断程序

在定时器中断程序中,通过查表的方式,得到一个单极性 SPWM 波形。

具体而言,是设定好 50 Hz 输出正弦波频率,一个正弦波分辨率为 300,这 300 个数据对应的是一个正弦波中的 SPWM 的占空比,那么每个占空比保持的时间是 $(1/50/300)66.666\ \mu s$。

定时器设置为每 $66.666\ \mu s$ 进入一次中断,每进来一次就将此时对应的数组里面的数据赋给硬件 PWM,给半桥输入 SPWM 控制信号,当次数超过 299 次后,数组又回到最开始,三个半桥都如此执行。这样循环往复,就得到 3 个完整相移 $120°$ 的 SPWM 波形。经过 LC 滤波器后,就得到 3 个完美的正弦波。

五、系统测试

1. 系统仿真

Proteus 软件是英国 Lab Center Electronics 公司出版的 EDA 工具软件(该软件中国总代理为广州风标电子技术有限公司)。它不仅具有其他 EDA 工具软件的仿真功能,还能仿真单片机及外围器件。它是目前比较好的仿真单片机及外围器件的工具。

Proteus 是世界上著名的 EDA 工具(仿真软件),从原理图布图、代码调试到单片机与外围电路协同仿真,一键切换到 PCB 设计,真正实现了从概念到产品的完整设计。它是将电路仿真软件、PCB 设计软件和虚拟模型仿真软件三合一的设计平台,其处理器模型支持8051、HC11、PIC10/12/16/18/24/30/DsPIC33、AVR、ARM、8086 和 MSP430 等,2010 年又增加了 Cortex 和 DSP 系列处理器,并持续增加其他系列处理器模型。在编译方面,它也支持 IAR、Keil 和 MATLAB 等多种编译器。

电路开发板如图 5 - 37 所示,仿真图如图 5 - 38 所示。

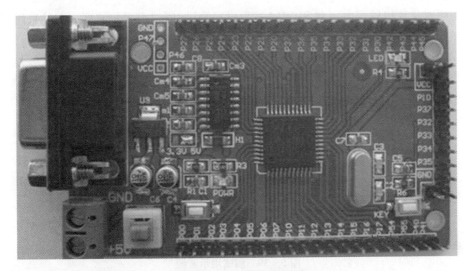

图 5 - 37　电路开发板图

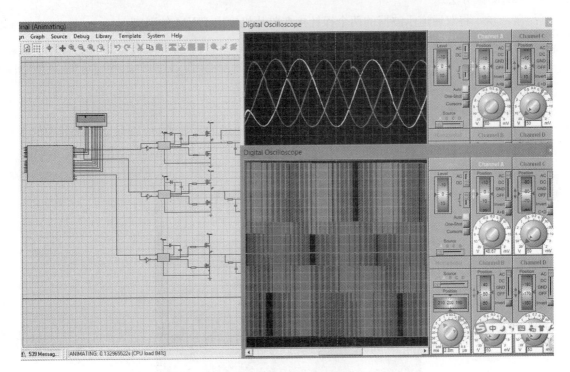

图 5 - 38　Proteus 仿真图

由于三相变频的数据量很大,所以导致运行的时候会卡机,导致 LC 出来的正弦波有些地方有断层,不过这个不重要,仿真只是为了验证电路和程序的可行性。

根据仿真结果,证明这个目前设计的电路和程序是可行的,于是根据仿真做出实物,做进一步研究。

2. 实物照片

(1) 测试仪器。

因为要对单片机输出电压和 SPWM 波形进行测试,所以需要示波器。实验采用 Siglent 双通道 200M 示波器,如图 5-39 所示。

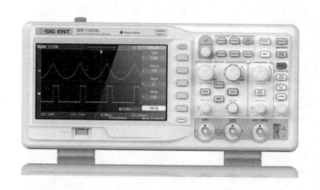

图 5-39　测试用示波器

(2) 测试方法。

第一步　将双通道示波器的两个探针接在单片机输出 PWM 的引脚;

第二步　记录波形数据;

第三步　改变单片机输出 SPWM 的频率,返回第一步操作,直到调出 50 Hz 的 SPWM 波完成测试。

(3) 测试结果。

由于三相的板子有 3 个输出端,而实验室只有双通道的示波器,所以只能测试其中的 2 个通道,得到的 SPWM 波形如图 5-40 所示。将该波形经过 LC 滤波后出来的波形如图 5-41 所示。

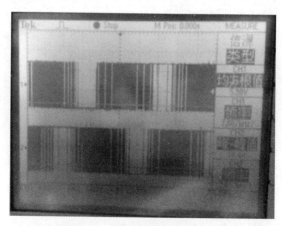

图 5-40　单片机输出的 SPWM 波

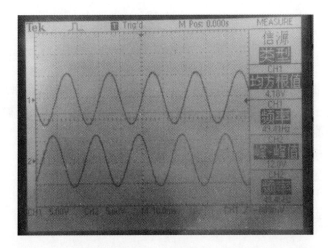

图 5 - 41　单片机输出的 SPWM 经过 LC 滤波后出来的波形

将其中 2 个正弦波放在同一水平位置,可以清楚看出,2 个正弦波的相位差是 120°,如图 5 - 42 所示。

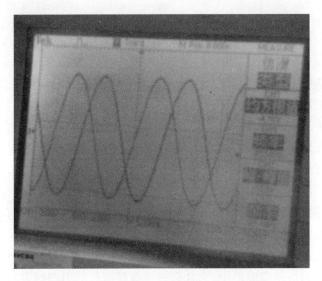

图 5 - 42　2 个正弦波的相位差是 120°图

(4)测试结论。

通过测试结果可以看出,该逆变器可以输出三相 50 Hz 的正弦波电流。另外本系统外接 LCD 显示及按键,可手动设定电源输出电压频率,并实时显示输出电压、电流、功率和交流电压的效率。同时该系统具有过流保护功能,可以在输出大于 2 A 电流的情况下切断交流输出,大大增加了系统的安全性和稳定性。

六、总结

1. 结论总结

SPWM 逆变电源设计全面阐述了正弦波逆变器的基本结构、驱动原理以及硬件软件的设计。现设计的基于 PIC 单片机的正弦波逆变器具有硬件结构简单、保护功能完善等特点。主要实现了如下功能：

（1）采用 STC15F 单片机作为控制核心，加强智能控制；

（2）具有安全控制系统，能实现系统的过流保护、堵转保护；

（3）设计了驱动电路、控制电路，提高系统的可靠性；

（4）系统软件采用模块化设计，为二次开发提供了非常便利的条件。

2. 存在的问题

所设计的正弦波逆变器还有进一步改善的方法，添加波形显示屏，便于直观显示与调试，使系统具有更好的灵活性和稳定性。

 习题与思考五

5.1　感应加热的基本原理是什么？加热效果与电源频率大小有什么关系？

5.2　中频感应加热炉的直流电源的获得为什么要用可控整流电路？

5.3　试简述平波电抗器的作用？

5.4　中频感应加热与普通的加热装置比较有哪些优点？中频感应加热能否用来加热绝缘材料构成的工件？

5.5　中频感应加热电源主要应用在哪些场合？

5.6　感应加热装置中，整流电路和逆变电路对触发电路的要求有何不同？

5.7　逆变电路常用的换流方式有哪几种？

5.8　单相并联谐振逆变电路的并联电容有什么作用？电容补偿为什么要过补偿一点？

5.9　单相并联谐振逆变电路中，为什么必须有足够长的引前触发时间 t_f。

5.10　单相串联谐振逆变电路利用负载进行换相，为保证换相应满足什么条件？

项目六　变频器

项目描述

变频器(Variable-Frequency Drive，VFD)是应用变频技术与微电子技术，通过改变电机工作电源频率方式来控制交流电动机的电力控制设备。

变频器主要由整流(交流变直流)、滤波、逆变(直流变交流)、制动单元、驱动单元、检测单元微处理单元等组成。变频器靠内部 IGBT 的开断来调整输出电源的电压和频率，根据电机的实际需要来提供其所需要的电源电压，进而达到节能、调速的目的，另外，变频器还有很多的保护功能，如过流、过压、过载保护等等。随着工业自动化程度的不断提高，变频器也得到了非常广泛的应用，变频器外形如图 6-1 所示。本项目主要讲解变频器电路原理。

图 6-1　变频器外形图

任务一　认识变频器

一、任务描述与目标

变频器是利用电力电子器件的通断作用,将工频交流电变换为另一频率的交流电的装置。自 20 世纪 80 年代被引进中国以来,其应用已逐步成为当代电机调速的主流。那么,这种装置有什么用途?有哪些类型?它的基本结构又是怎样的?本任务主要介绍变频器的应用和基本结构,任务目标如下。

(1)了解变频器的基本概念;

(2)熟悉变频器的应用;

(3)掌握变频器的基本结构;

(4)掌握应用单片机设计变频器控制电路。

二、相关知识

(一)变频器的用途

变频调速器主要用于交流电动机(异步电机或同步电机)转速的调节,具有变频器体积小、重量轻、精度高、功能丰富、保护齐全、可靠性高、操作简便、通用性强等优点。变频调速是公认的交流电动机最理想、最有前途的调速方案,除了具有卓越的调速性能之外,变频调速还有显著的节能作用,是企业技术改造和产品更新换代的理想调速方式。变频器作为节能应用与速度工艺控制中越来越重要的自动化设备,得到了快速发展和广泛的应用。

1. 变频调速的节能

变频器产生的最初用途是速度控制,但目前在国内应用较多的是节能。中国是能耗大国,能源利用率很低,而能源储备不足。因此,国家大力提倡节能措施,并着重推荐了变频调速技术。应用变频调速可以大大提高电机转速的控制精度,使电机在最节能的转速下运行。

风机、泵类负载的节能效果最明显,节电率可达到 20%～60%,这是因为风机、泵类的耗用功率与转速的 3 次方成正比,当需要的平均流量较小时,转速降低其功率,按转速的 3 次方下降。因此,精确调速的节电效果非常可观。目前应用较成功的有恒压供水、中央空调、各类风机、水泵的变频调速。

据中国产业调研网发布的 2017 年版中国变频器行业深度调研及市场前景分析报告显示,国内变频器市场增长率一直保持在 12%～15%,市场潜在空间约为 1 200 亿～1 800 亿元。中低压变频器市场规模增长达 10%～15%,预计市场规模接近 200 亿元;高压变频器市场需求增速在 40% 以上,随着需求持续攀升,市场规模有望达到 121 亿元。

2. 以提高工艺水平和产品质量为目的的应用

变频调速除了在风机、泵类负载上的应用以外,还可以广泛应用于传送、卷绕、起重、挤压、机床等各种机械设备控制领域。它可以提高企业的产成品率,延长设备的正常工作周期和使用寿命,使操作和控制系统得以简化,有的甚至可以改变原有的工艺规范,从而提高了整个设备控制水平。

3. 变频调速在电动机运行方面的优势

变频调速很容易实现电动机的正、反转,只需要改变变频器内部逆变管的开关顺序,即可实现输出换相,也不存在因换相不当而烧毁电动机的问题。

变频调速系统启动大都是从低速开始,频率较低,加、减速时间可以任意设定,故加、减速时间比较平缓,启动电流较小,可以进行较高频率的起停。

变频调速系统制动时,变频器可以利用自己的制动回路,将机械负载的能量消耗在制动电阻上,也可回馈给供电电网,但回馈给电网需增加专用附件,投资较大。除此之外,变频器还具有直流制动功能,需要制动时,变频器给电动机加上一个直流电压,进行制动,无需另加制动控制电路。

4. 变频家电

除了工业相关行业,在普通家庭中,节约电费、提高家电性能、保护环境等受到越来越多的关注,变频家电成为变频器的另一个广阔市场和应用趋势,如带有变频控制的冰箱、洗衣机、家用空调等,在节电、减小电压冲击、降低噪声、提高控制精度等方面有很大的优势。

(二) 变频器的基本结构

调速用变频器通常由主电路、控制电路和保护电路组成。其基本结构如图 6-2 所示。

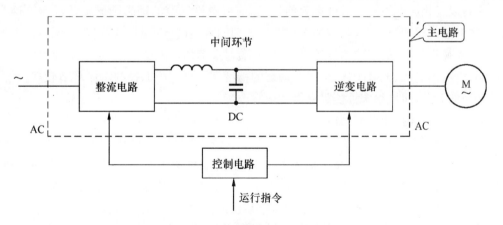

图 6-2 变频器的基本结构图

1. 主电路

主电路包括整流电路、逆变电路和中间环节。

(1) 整流电路。整流电路的功能是将外部的工频交流电源转换为直流电,给逆变电路和控制电路提供所需的直流电源。

(2) 中间环节。中间环节的功能是对整流电路的输出进行平滑滤波,以保证逆变电路和控制电路能够获得质量较高的直流电源。

（3）逆变电路。逆变电路的功能是将中间环节输出的直流电源转换为频率和电压都任意可调的交流电源。

2. 控制电路

控制电路包括主控制电路、信号检测电路、驱动电路、外部接口电路以及保护电路。

控制电路的主要功能是将接收的各种信号送至运算电路，使运算电路能够根据驱动要求为变频器主电路提供必要的驱动信号，并对变频器以及异步电动机提供必要的保护，输出计算结果。

（三）变频器控制方式

低压通用变频输出电压为 380～650 V，输出功率为 0.75 kW～400 kW，工作频率为 0～400 Hz，它的主电路都采用交—直—交电路。其控制方式主要有以下四种。

第一种　正弦脉宽调制（SPWM）控制方式：

其特点是控制电路结构简单、成本较低，机械特性硬度也较好，能够满足一般传动的平滑调速要求，已在产业的各个领域得到广泛应用。但是，这种控制方式在低频时，由于输出电压较低，转矩受定子电阻压降的影响比较显著，使输出最大转矩减小。另外，其机械特性终究没有直流电动机硬，动态转矩能力和静态调速性能都还不尽如人意，且系统性能不高，控制曲线会随负载的变化而变化，转矩响应慢，电机转矩利用率不高，低速时因定子电阻和逆变器死区效应的存在而性能下降，稳定性变差等。因此，人们又研究出矢量控制变频调速。

第二种　电压空间矢量（SVPWM）控制方式：

它是以三相波形整体生成效果为前提，以逼近电机气隙的理想圆形旋转磁场轨迹为目的，一次生成三相调制波形，以内切多边形逼近圆的方式进行控制。经实践使用后又有所改进，即引入频率补偿，能消除速度控制的误差；通过反馈估算磁链幅值，消除低速时定子电阻的影响；将输出电压、电流闭环，以提高动态的精度和稳定度。但控制电路环节较多，且没有引入转矩的调节，所以系统性能没有得到根本改善。

第三种　矢量控制（VC）方式：

矢量控制变频调速的做法是将异步电动机在三相坐标系下的定子电流 I_a、I_b、I_c 通过三相—二相变换，等效成两相静止坐标系下的交流电流，再通过按转子磁场定向旋转变换，等效成同步旋转坐标系下的直流电流，然后模仿直流电动机的控制方法，求得直流电动机的控制量，经过相应的坐标反变换，实现对异步电动机的控制。

其实质是将交流电动机等效为直流电动机，分别对速度、磁场两个分量进行独立控制。通过控制转子磁链，然后分解定子电流而获得转矩和磁场两个分量，经坐标变换，实现正交或解耦控制。矢量控制方法的提出具有划时代的意义，然而在实际应用中，由于转子磁链难以准确观测，系统特性受电动机参数的影响较大，且在等效直流电动机控制过程中所用矢量旋转变换较复杂，使得实际的控制效果难以达到理想分析的结果。

第四种　直接转矩控制（DTC）方式：

1985 年，德国鲁尔大学的 DePenbrock 教授首次提出了直接转矩控制变频技术。该技术在很大程度上解决了上述矢量控制的不足，并以新颖的控制思想、简洁明了的系统结构、优良的动静态性能得到了迅速发展。该技术已成功地应用在电力机车牵引的大功率交流传动上。直接转矩控制直接在定子坐标系下分析交流电动机的数学模型,控制电动机的磁链和转矩。它不需要将交流电动机等效为直流电动机,因而省去了矢量旋转变换中的许多复杂计算;它不需要模仿直流电动机的控制,也不需要为解耦而简化交流电动机的数学模型。

第五种 矩阵式交—交控制方式:

VVVF变频、矢量控制变频、直接转矩控制变频都是交—直—交变频中的一种。其共同缺点是输入功率因数低,谐波电流大,直流电路需要大的储能电容,再生能量又不能反馈回电网,即不能进行四象限运行。为此,矩阵式交—交变频应运而生。由于矩阵式交—交变频省去了中间直流环节,从而省去了体积大、价格贵的电解电容。它能实现功率因数1,输入电流为正弦且能四象限运行,系统的功率密度大。其实质不是间接地控制电流、磁链等量,而是把转矩直接作为被控制量来实现的。

(四)变频器主电路结构

目前已被广泛地应用在交流电动机变频调速中的变频器是交—直—交变频器,它是先将恒压恒频(Constant Voltage Constant Frequency,CVCF)的交流电通过整流器变成直流电,再经过逆变器将直流电变换成可调的交流电的间接型变频电路。

在交流电动机的变频调速控制中,为了保持额定磁通基本不变,在调节定子频率的同时必须同时改变定子的电压。因此,必须配备变压变频(Variable Voltage Frequency,VVVF)装置。它的核心部分就是变频电路,其结构框图如图6-3所示。

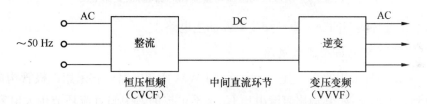

图6-3 VVVF变频器主电路框图

按照不同的控制方式,交—直—交变频器可分成以下3种方式。

(1)采用可控整流器调压、逆变器调频的控制方式,其结构框图如图6-4所示。在这种装置中,调压和调频在2个环节上分别进行,在控制电路上协调配合,结构简单,控制方便。但是,由于输入环节采用晶闸管可控整流器,当电压调得较低时,电网侧功率因数较低。而输出环节多用由晶闸管组成的多拍逆变器,每周换相6次,输出的谐波较大,因此,这类控制方式现在用得较少。

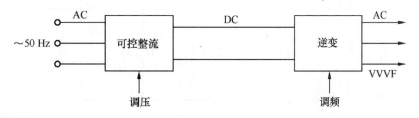

图6-4 可控整流器调压、逆变器框图

（2）采用不可控整流器整流、斩波器调压，再用逆变器调频的控制方式，其结构框图如图6-5所示。整流环节采用二极管不可控整流器，只整流不调压，再单独设置斩波器，用脉宽调压，这种方法克服了功率因数较低的缺点，但输出逆变环节未变，仍有谐波较大的缺点。

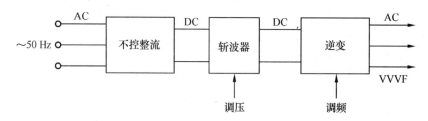

图6-5　不可控整流器整流、斩波器调压、逆变器框图

（3）采用不可控制整流器整流，脉宽调制逆变器同时调压调频的控制方式，其结构框图如图6-6所示。在这类装置中，用不可控整流，则输入功率因数不变；用PWM逆变器逆变，则输出谐波可以减小。

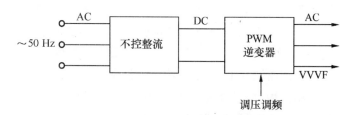

图6-6　不可控制整流器整流，脉宽调制逆变器框图

下面给出几种典型的交—直—交变频器的主电路。

1. 交—直—交电压型变频电路

图6-7是一种常用的交—直—交电压型PWM变频电路。它采用二极管构成整流器，完成交流到直流的变换，其输出直流电压U_D是不可控的。中间直流环节用大电容C滤波，电力晶体管$VT_1 \sim VT_6$构成PWM逆变器，完成直流到交流的变换，并能实现输出频率和电压的同时调节，$VD_1 \sim VD_6$是电压型逆变器所需的反馈二极管。

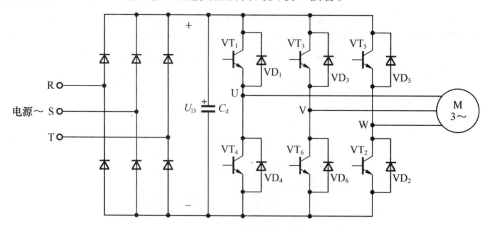

图6-7　交—直—交电压型PWM变频电路

　　从图中可以看出,由于整流电路输出的电压和电流极性都不能改变,因此,该电路只能从交流电源向中间直流电路传输功率,进而再向交流电动机传输功率,而不能从直流中间电路向交流电源反馈能量。当负载电动机由电动状态转入制动运行时,电动机变为发电状态,其能量通过逆变电路中的反馈二极管流入直流中间电路,使直流电压升高而产生过电压,这种过电压称为泵升电压。为了限制泵升电压,如图 6 - 8 所示,可给直流侧电容并联一个由电力晶体管 VT_0 和能耗电阻 R 组成的泵升电压限制电路。当泵升电压超过一定数值时,使 VT_0 导通,能量消耗在 R 上。这种电路可运用于对制动时间有一定要求的调速系统中。

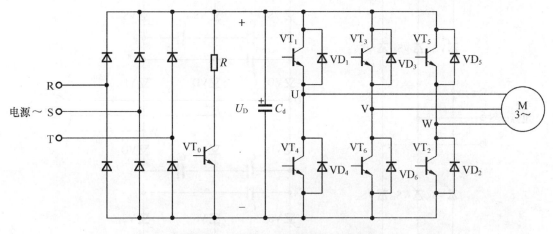

图 6 - 8　带泵升电压电路的变频电路

　　在要求电动机频繁快速加减的场合,上述带有泵升电压限制电路的变频电路耗能较多,能耗电阻 R 也需较大的功率。因此,希望在制动时把电动机的动能反馈回电网。这时,需要增加一套有源逆变电路,以实现再生制动,如图 6 - 9 所示。

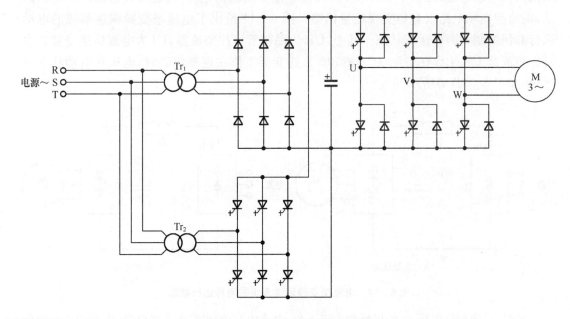

图 6 - 9　可再生制动的变频电路

2. 交—直—交电流型变频电路

图 6-10 是一种常用的交—直—交电流型变频电路。其中,整流器采用晶闸管构成的可控整流电路,完成交流到直流的变换,输出可控的直流电压 U,实现调压功能。中间直流环节用大电感 L 滤波。逆变器采用晶闸管构成的串联二极管式电流型逆变电路,完成直流到交流的变换,并实现输出频率的调节。

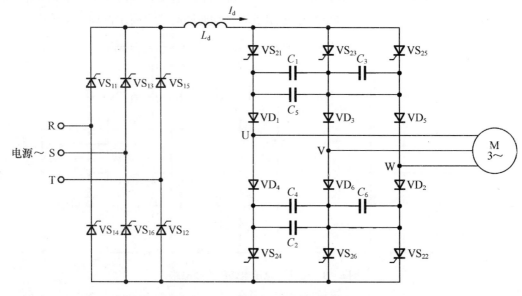

图 6-10　交—直—交电流型变频电路

由图可以看出,电力电子器件的单向导向性,使得电流 I_D 不能反向,而中间直流环节采用的大电感滤波,保证了 I_D 不变,但可控整流器的输出电压 U_d 是可以迅速反向的。因此,电流型变频电路很容易实现能量回馈。图 6-11 给出了电流型变频调速系统的电动运行和回馈制动两种运行状态。其中,UR 为晶闸管可控整流器,UI 为电流型逆变器。当可控整流器 UR 工作在整流状态($\alpha<90°$)、逆变器工作在逆变状态时,电机在电动状态下运行,如图 6-11(a)所示。

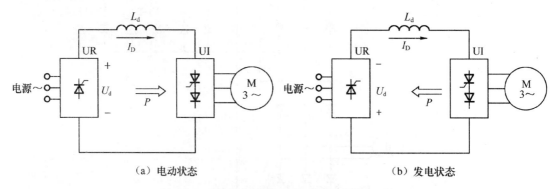

(a)电动状态　　　　　　　**(b)发电状态**

图 6-11　电流型变频调速系统的两种运行状态

这时,直流回路电压 U_d 的极性为上正下负,电流由 U_d 的正端流入逆变器,电能由交流电网经变频器传送给电机,变频器的输出频率 $\omega_1 > \omega$,电机处于电动状态,如图 6-11(b)所示。此时如果降低变频器的输出频率,或从机械上抬高电机转速 ω,使 $\omega_1 < \omega$,同时使可控整流器的控制角 $\alpha > 90°$,则异步电机进入发电状态,且直流回路电压 U_d 立即反向,而电流 I_D 方向不变。于是,逆变器 UI 变成整流器,而可控整流器 UR 转入有源逆变状态,电能由电机回馈给交流电网。

图 6-12 是一种交—直—交电流型 PWM 变频电路,负载为三相异步电动机。逆变器为采用 GTO 作为功率开关器件的电流型 PWM 逆变电路,图中的 GTO 用的是反向导电型器件,因此,给每个 GTO 串联了二极管以承受反向电压。逆变电路输出端的电容 C 是为吸收 GTO 关断时所产生的过电压而设置的,它也可以对输出的 PWM 电流波形起滤波作用。整流电路采用晶闸管而不是二极管,这样在负载电动机需要制动时,可以使整流部分工作在有源逆变状态,把电动机的机械能反馈给交流电网,从而实现快速制动。

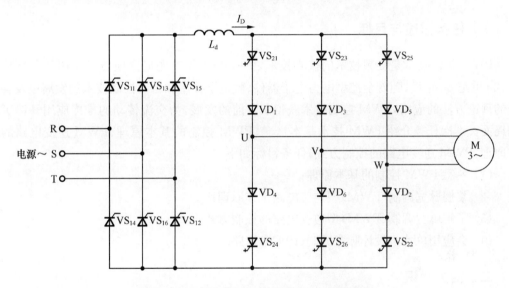

图 6-12　交—直—交电流型 PWM 变频电路

3. 交—直—交电压型变频器与电流型变频器的性能比较

电压型变频器和电流型变频器的区别仅在于中间直流环节滤波器的形式不同,但是这样一来,却造成两类变频器在性能上相当大的差异,主要表现的比较见表 6-1 所示。

表 6-1　电压型变频器和电流型变频器性能比较

特点名称	电压型变频器	电流型变频器
储能元件	电容器	电抗器
输出波形的特点	电压波形为矩形波 电流波形为近似正弦波	电流波形为矩形波 电压波形为近似正弦波
回路构成上的特点	有反馈二极管 直流电源并联大容量 电容(低阻抗电压源) 电动机四象限运转需要再生用 变流器	无反馈二极管 直流电源串联大电感 (高阻抗电流源) 电动机四象限运转容易

续表

特点名称	电压型变频器	电流型变频器
特性上的特点	负载短路时产生过电流 开环电动机也可能稳定运转	负载短路时能抑制过电流 电动机运转不稳定需要反馈控制
适用范围	适用于作为多台电机同步运行时的供电电源但不要求快速加减的场合	适用于一台变频器给一台电机供电的单电机传动,但可以满足快速启制动和可逆运行的要求

任务二　脉宽调制型逆变电路

一、任务描述与目标

PWM 控制技术是变频技术的核心技术之一,1964 年首先把这项技术应用到交流传动中,20 世纪 80 年代,随着全控型电力电子器件、微电子技术和自动控制技术的发展以及各种新的理论方法的应用,PWM 控制技术获得了空前的发展,为交流传动的推广应用开辟了新的局面。本次任务介绍 PWM 技术基本概念、PWM 控制的基本原理、PWM 逆变电路的工作原理、PWM 逆变电路的控制方式,任务目标如下。

(1) 熟悉 PWM 控制的基本原理;

(2) 掌握脉宽调制(PWM)型逆变电路工作原理;

(3) 了解脉宽调制(PWM)型逆变电路的控制方式;

(4) 会应用单片机设计脉宽调制(PWM)电路。

二、相关知识

(一) PWM 的基本原理

1. PWM 简介

脉冲宽度调制(PWM)是英文"Pulse Width Modulation"的缩写,简称脉宽调制。脉宽调制技术是通过控制半导体开关器件的通断时间,在输出端获得幅度相等而宽度可调的波形(称 PWM 波形),从而实现控制输出电压的大小和频率来改善输出波形的一种技术。

前面介绍的 GTR、MOSFET、IGBT 是全控制器件,用它们构成的 PWM 变换器,可使装置体积小、斩波频率高、控制灵活、调节性能好、成本低。

脉宽调制的方法很多,根据基波信号不同,可以分为矩形波脉宽调制和正弦波脉宽调制;根据调制脉冲的极性,可分为单极性脉宽调制和双极性脉宽调制;根据载波信号和基波信号的频率之间的关系,可分为同步脉宽调制和异步脉宽调制。矩形波脉宽调制的特点是输出脉冲列是等宽的,只能控制一定次数的谐波,正弦波脉宽调制也叫 SPWM,特点是输出脉冲列是不等宽的,宽度按正弦规律变化,输出波形接近正弦波。单极性 PWM 是指在半个周期内载波只在一个方向变换,所得 PWM 波形也只在一个方向变化,而双极性 PWM 控制法在半个周期内载波在两个方向变化,所得 PWM 波形也在两个方向变化。同步调制和异步调制在脉宽调制(PWM)型逆变电路的控制方式中有详细介绍。

2. PWM 的基本原理

在采样控制理论中有一个重要结论:冲量(脉冲的面积)相等而形状不同的窄脉冲(如图6-13),分别加在具有惯性环节的输入端,其输出响应波形基本相同,也就是说尽管脉冲形状不同,但只要脉冲面积相等,其作用的效果基本相同。这就是 PWM 控制的重要理论依据。

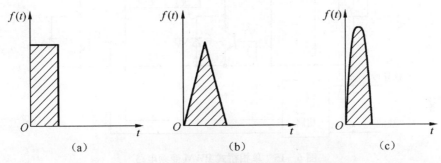

图 6-13　脉冲的面积相等而形状不同窄脉冲

如图 6-14 所示,一个正弦半波完全可以用等幅不等宽的脉冲列来等效,但必须做到正弦半波所等分的 6 块阴影面积与相对应的 6 个脉冲列的阴影面积相等,其作用的效果就基本相同,对于正弦波的负半周,用同样的方法可得到 PWM 波形来取代正弦负半波。

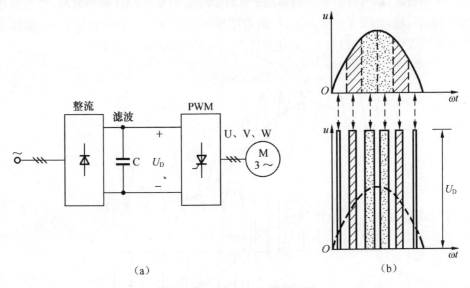

图 6-14　PWM 控制的原理图

在 PWM 波形中,各脉冲的幅值是相等的,若要改变输出电压等效正弦波的幅值,只要按同一比例改变脉冲列中各脉冲的宽度即可。所以直流电源 U_D 采用不可控整流电路获得,不但使电路输入功率因数接近于 1,而且整个装置控制简单,可靠性高。

（二）单相桥式 PWM 变频电路工作原理

电路如图 6-15 所示，采用 GTR 作为逆变电路的自关断开关器件。设负载为电感性，控制方法可以有单极性与双极性两种。

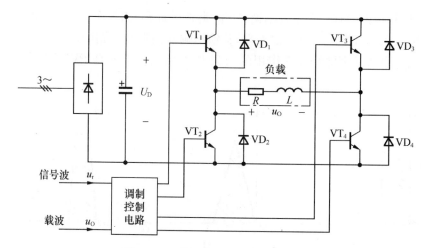

图 6-15 单相桥式 PWM 变频电路

1. 单极性 PWM 控制方式工作原理

按照 PWM 控制的基本原理，如果给定了正弦波频率、幅值和半个周期内的脉冲个数，PWM 波形各脉冲的宽度和间隔就可以准确地计算出来。依据计算结果来控制逆变电路中各开关器件的通断，就可以得到所需要的 PWM 波形。但是这种计算很繁琐，较为实用的方法是采用调制控制，如图 6-16 所示，把所希望输出的正弦波作为调制信号 u_r，把接受调制的等腰三角形波作为载波信号 u_c，对逆变桥 $VT_1 \sim VT_4$ 的控制方法如下。

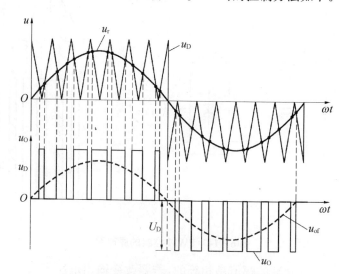

图 6-16 单极性 PWM 控制方式原理波形

（1）当 u_r 正半周时，让 VT_1 一直保持通态，VT_2 保持断态。在 u_r 与 u_c 正极性三角波交点

处控制 VT_4 的通断,在 $u_r > u_c$ 各区间,控制 VT_4 为通态,输出负载电压 $u_O = U_D$。在 $u_r < u_c$ 各区间,控制 VT_4 为断态,输出负载电压 $u_O = 0$,此时负载电流可以经过 VD_3 与 VT_1 续流。

(2) 当 u_r 负半周时,让 VT_2 一直保持通态,VT_1 保持断态,在 u_r 与 u_c 负极性三角波交点处控制 VT_3 的通断。在 $u_r < u_c$ 各区间,控制 VT_3 为通态,输出负载电压 $u_O = -U_D$。在 $u_r > u_c$ 各区间,控制 VT_3 为断态,输出负载电压 $u_O = 0$,此时负载电流可以经过 VD_4 与 VT_2 续流。

逆变电路输出的 u_O 为 PWM 波形,如图 6-16 所示,u_{of} 为 u_O 的基波分量。由于在这种控制方式中的 PWM 波形只能在一个方向变化,故称为单极性 PWM 控制方式。

2. 双极性 PWM 控制方式工作原理

电路如图 6-15 所示,调制信号 u_r 仍然是正弦波,而载波信号 u_c 改为正负 2 个方向变化的等腰三角形波,如图 6-17 所示。对逆变桥 $VT_1 \sim VT_4$ 的控制方法如下。

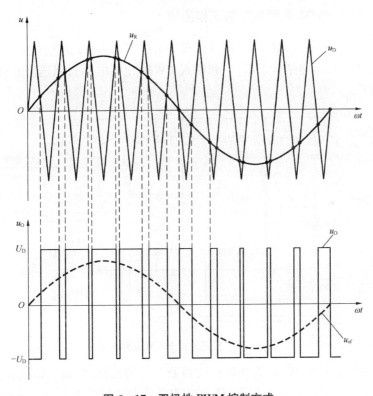

图 6-17　双极性 PWM 控制方式

(1) 在 u_r 正半周,当 $u_r > u_c$ 的各区间,给 VT_1 和 VT_4 导通信号,而给 VT_2 和 VT_3 关断信号,输出负载电压 $u_O = U_D$。在 $u_r < u_c$ 的各区间,给 VT_2 和 VT_3 导通信号,而给 VT_1 和 VT_4 关断信号,输出负载电压 $u_O = -U_D$。这样逆变电路输出的 u_O 为 2 个方向变化等幅不等宽的脉冲列。

(2) 在 u_r 负半周,当 $u_r < u_c$ 的各区间,给 VT_2 和 VT_3 导通信号,而给 VT_1 和 VT_4 关断信号,输出负载电压 $u_O = -U_D$。当 $u_r > u_c$ 的各区间,给 VT_1 和 VT_4 导通信号,而给 VT_2 与 VT_3 关断信号,输出负载电压 $u_O = U_D$。

双极性 PWM 控制的输出 u_O 波形,如图 6‑17 所示,它为 2 个方向变化等幅不等宽的脉冲列。

这种控制方式的特点是:

① 同一半桥上下 2 个桥臂晶体管的驱动信号极性恰好相反,处于互补工作方式。

② 电感性负载时,若 VT_1 和 VT_4 处于通态,给 VT_1 和 VT_4 以关断信号,则 VT_1 和 VT_4 立即关断,而给 VT_2 和 VT_3 以导通信号,由于电感性负载电流不能突变,电流减小感生的电动势,使 VT_2 和 VT_3 不可能立即导通,而使二极管 VD_2 和 VD_3 导通续流,如果续流能维持到下一次 VT_1 与 VT_4 重新导通,负载电流方向始终没有变,则 VT_2 和 VT_3 始终未导通。只有在负载电流较小无法连续续流的情况下,负载电流下降至零,VD_2 和 VD_3 续流完毕,VT_2 和 VT_3 导通,负载电流才反向流过负载。但是不论是 VD_2、VD_3 导通,还是 VT_2、VT_3 导通,u_O 均为 $-U_D$,从 VT_2、VT_3 导通向 VT_1、VT_4 切换,情况也类似。

(三)三相桥式 PWM 变频电路的工作原理

电路如图 6‑18 所示,本电路采用 GTR 作为电压型三相桥式逆变电路的自关断开关器件,负载为电感性。从电路结构上看,三相桥式 PWM 变频电路只能选用双极性控制方式,其工作原理如下。

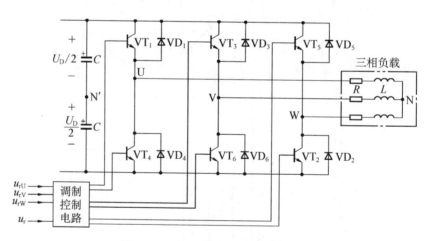

图 6‑18　三相桥式 PWM 变频电路

三相调制信号 u_{rU}、u_{rV} 和 u_{rW} 为相位依次相差 120°的正弦波,而三相载波信号是共用一个正负方向变化的三角形波 u_C。U、V 和 W 相自关断开关器件的控制方法相同,现以 U 相为例:在 $u_{rU} > u_C$ 的各区间,给上桥臂电力晶体管 VT_1 以导通驱动信号,而给下桥臂 VT_4 以关断信号,于是 U 相输出电压相对直流电源 U_D 中性点 N' 为 $u_{UN'} = U_D/2$。在 $u_{rU} < u_C$ 的各区间,给 VT_1 以关断信号,VT_4 为导通信号,输出电压 $u_{UN'} = -U_D/2$。图 6‑19 所示的 $u_{UN'}$ 波型就是三相桥式 PWM 逆变电路 U 相输出的波形(相对 N' 点)。

图 6‑18 中 $VD_1 \sim VD_6$ 二极管是为电感性负载换流过程提供续流回路,其他两相的控制原理与 U 相相同。三相桥式 PWM 变频电路的三相输出的 PWM 波形分别为 $u_{UN'}$、$u_{VN'}$ 和 $u_{WN'}$。如图 6‑19 所示,U、V 和 W 三相之间的线电压 PWM 波形以及输出三相相对于负载中性点 N 的相电压 PWM 波形,读者可按下列计算式求得。

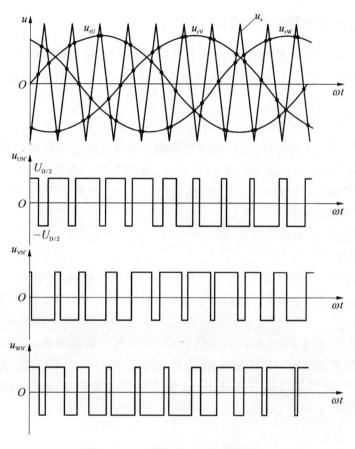

图 6-19 三相桥式 PWM 变频波形

线电压
$$\begin{cases} u_{UV} = u_{UN'} - u_{VN'} \\ u_{VW} = u_{VN} - u_{WN} \\ u_{WU} = u_{WN'} - u_{UN'} \end{cases}$$

相电压
$$\begin{cases} u_{UN} = u_{UN'} - \dfrac{1}{3}(u_{UN'} + u_{VN'} + u_{WN'}) \\ u_{VN} = u_{VN'} - \dfrac{1}{3}(u_{UN'} + u_{VN'} + u_{WN'}) \\ u_{WN} = u_{WN'} - \dfrac{1}{3}(u_{UN'} + u_{VN'} + u_{WN'}) \end{cases}$$

在双极性 PWM 控制方式中,理论上要求同一相上下 2 个桥臂的开关管驱动信号相反,但实际上,为了防止上下 2 个桥臂直通造成直流电源的短路,通常要求先施加关断信号,经过 Δt 的延时才给另一个施加导通信号。延时时间的长短主要由自关断功率开关器件的关断时间决定。这个延时将会给输出 PWM 波形带来偏离正弦波的不利影响,所以在保证安全可靠换流的前提下,延时时间应尽可能取小。

(四) PWM 变频电路的调制控制方式

在 PWM 变频电路中,载波频率 f_c 与调制信号频率 f_r 之比称为载波比,即 $N = f_c/f_r$。根据载波和调制信号波是否同步,PWM 逆变电路有异步调制和同步调制两种控制方式,现分别介绍如下。

1. 异步调制控制方式

当载波比 N 不是 3 的整数倍时,载波与调制信号波就存在不同步的调制,就是异步调制三相 PWM,如 $f_c = 10f_r$,载波比 $N = 10$,不是 3 的整数倍。在异步调制控制方式中,通常 f_c 固定不变,逆变输出电压频率的调节是通过改变 f_r 的大小来实现的,所以载波比 N 也随时跟着变化,就难以同步。

异步调制控制方式的特点如下。

(1) 控制相对简单。

(2) 在调制信号的半个周期内,输出脉冲的个数不固定,脉冲相位也不固定,正负半周的脉冲不对称,而且半周期内前后 1/4 周期的脉冲也不对称,输出波形就偏离了正弦波。

(3) 载波比 N 愈大,半周期内调制的 PWM 波形脉冲数就愈多,正负半周不对称和半周内前后 1/4 周期脉冲不对称的影响就愈大,输出波形愈接近正弦波。所以在采用异步调制控制方式时,要尽量提高载波频率 f_c,使不对称的影响尽量减小,输出波形接近正弦波。

2. 同步调制控制方式

在三相逆变电路中,当载波比 N 为 3 的整数倍时,载波与调制信号波能同步调制。图 6-20 所示为 $N = 9$ 时的同步调制控制的三相 PWM 变频波形。

在同步调制控制方式中,通常保持载波比 N 不变,若要增高逆变输出电压的频率,必须同时增高 f_c 与 f 且保持载波比 N 不变,保持同步调制不变。

同步调制控制方式的特点如下。

(1) 控制相对较复杂,通常采用微机控制。

(2) 在调制信号的半个周期内,输出脉冲的个数是固定不变的,脉冲相位也是固定的。正负半周的脉冲对称,而且半个周期脉冲排列其左右也是对称的,输出波形等效于正弦。

但是,当逆变电路要求输出频率 f_o 很低时,由于半周期内输出脉冲的个数不变,所以由 PWM 调制而产生 f_o 附近的谐波频率也相应很低,这种低频谐波通常不易滤除,而对三相异步电动机造成不利影响,例如电动机噪声变大、震动加大等。

为了克服同步调制控制方式低频段的缺点,通常采用"分段同步调制"的方法,即把逆变电路的输出频率范围划分成若干个频率段,每个频率段内都保持载波比为恒定,而不同频率段所取的载波比不同。

(1) 在输出高频率段时,取较小的载波比,这样载波频率不致过高,能在功率开关器件所允许的频率范围内。

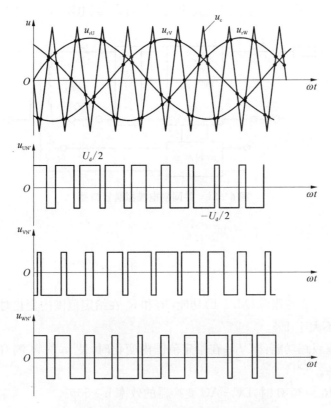

图 6‑20 同步调制控制三相 PWM 变频波形

（2）在输出频率为低频率段时，取较大的载波比，这样载波频率不致过低，谐波频率也较高且幅值也小，也易滤除，从而减小了对异步电动机的不利影响。

综上所述，同步调制方式效果比异步调制方式好，但同步调制控制方式较复杂，一般要用微机进行控制。有的电路在输出低频率段时采用异步调制方式，而在输出高频率段时换成同步调制控制方式。这种综合调制控制方式，其效果与分段同步调制方式相接近。

任务三 设计与制作

2009 年国赛赛题——光伏并网发电模拟装置(A 题)

一、赛题

设计并制作一个光伏并网发电模拟装置，其结构框图如图 6‑21 所示。用直流稳压电源 U_S 和电阻 R_S 模拟光伏电池，$U_S=60$ V，$R_S=30$ Ω～36 Ω；u_{REF} 为模拟电网电压的正弦参考信号，其峰峰值为 2 V，频率 f_{REF} 为 45 Hz～55 Hz；T 为工频隔离变压器，变比为 $n_2:n_1=$

$2:1, n_3:n_1=1:10$，将 u_F 作为输出电流的反馈信号；负载电阻 $R_L=30\ \Omega\sim36\ \Omega$。

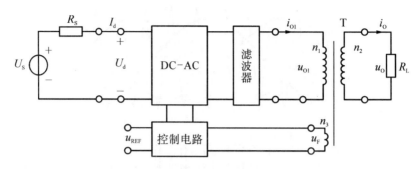

图 6‑21　并网发电模拟装置框图

二、要求

1. 基本要求

（1）具有最大功率点跟踪（MPPT）功能：R_S 和 R_L 在给定范围内变化时，使 $U_d=U_S/2$，相对偏差的绝对值不大于 1%。

（2）具有频率跟踪功能：当 f_{REF} 在给定范围内变化时，使 u_F 的频率 $f_F=f_{REF}$，相对偏差绝对值不大于 1%。

（3）当 $R_S=R_L=30\ \Omega$ 时，DC‑AC 变换器的效率 $h\geqslant60\%$。

（4）当 $R_S=R_L=30\ \Omega$ 时，输出电压 u_O 的失真度 THD $\leqslant5\%$。

（5）具有输入欠压保护功能，动作电压 $U_{d(th)}=(25\pm0.5)\text{V}$。

（6）具有输出过流保护功能，动作电流 $I_{O(th)}=(1.5\pm0.2)\text{A}$。

2. 发挥部分

（1）提高 DC‑AC 变换器的效率，使 $h\geqslant80\%$（$R_S=R_L=30\ \Omega$ 时）。

（2）降低输出电压失真度，使 THD $\leqslant1\%$（$R_S=R_L=30\ \Omega$ 时）。

（3）实现相位跟踪功能：当 f_{REF} 在给定范围内变化以及加非阻性负载时，均能保证 u_F 与 u_{REF} 同相，相位偏差的绝对值 $\leqslant5°$。

（4）过流、欠压故障排除后，装置能自动恢复为正常状态。

（5）其他。

3. 说明

（1）本题中所有交流量除特别说明外均为有效值。

（2）U_S 采用实验室可调直流稳压电源，不需自制。

（3）控制电路允许另加辅助电源，但应尽量减少路数和损耗。

（4）DC‑AC 变换器效率 $\eta=P_O/P_d$（$P_O=U_{O1}\times I_{O1}$，$P_d=U_d\times I_d$）

（5）基本要求（1）、（2）和发挥部分（3）要求从给定或条件发生变化到电路达到稳态的时间不大于 1 s。

（6）装置应能连续安全工作足够长时间，测试期间不能出现过热等故障。

(7) 制作时应合理设置测试点(参考图 6-21),以方便测试。

(8) 设计报告正文中应包括系统总体框图、核心电路原理图、主要流程图、主要的测试结果。完整的电路原理图、重要的源程序和完整的测试结果用附件给出。

三、设计概述

本设计以 dsPIC30F2010 单片机为控制器,采用全桥 DC/AC 逆变电路和双极性 SPWM 控制构建模拟光伏并网发电系统。设计的系统绝大部分指标满足设计指标要求,不仅具有性能优良的模拟光伏电池的最大功率跟踪、数字锁频锁相功能,而且有低的输出电压 THD、高的效率和可靠性,以及采用打嗝方式的欠压、过载保护和故障排除后自恢复功能。

四、系统方案

太阳能电池板价格昂贵且光电转换效率低,因此,并网型光伏发电系统的效率、最大功率跟踪 MPPT、输出电压/电流的 THD、锁频锁相等性能为关键核心指标。根据设计任务要求,以上述指标为方案评估指标,论证系统关键的方案如下:

1. 光伏逆变器的 SPWM 控制波形产生方案评估

方案一:用分立器件电路产生,主要由三角波发生器、正弦波发生器和比较器组成,但由于其电路复杂、灵活性差、调试困难等缺点,因此一般很少采用。

方案二:用专有集成芯片产生,虽然功能较强,输出波形质量较高,但是灵活性差、采用性能优良的控制方法能力差、成本较高,不适合小系统的设计需要。

方案三:用单片机或者数据信号处理器等数字控制器实现,目前许多单片机都具有产生 SPWM 波的功能。采用单片机的电路简单可靠、灵活性好,可以采用性能优良的控制方法,而且方便实现系统状态监控、显示和处理,使整个系统控制非常方便。

鉴于上述分析,选用方案三。

2. SPWM 控制方法及功率电路评估

方案一:单极性控制方式,该控制方式仅用到一对高频开关,相对于双极性逆变损耗低、电磁干扰少,但其控制方式较为复杂。

方案二:双极性控制方式,该控制方式电流谐波分量小、易于消除,且其控制方式简单得到广泛应用。虽然本发电模拟装置功率小,但由于全桥电路不存在半桥电路的中点电压可能不平衡的问题(如果中点电压不平衡,将使逆变输出的正弦波有直流偏量),所以功率电路采用全桥电路。

鉴于上述分析,选用方案二以及全桥功率电路。

3. 单片机选型

微控制器运算能力对系统性能有关键影响,方案评估如下:

方案一:采用 PIC16F877A,该单片机为 Microchip 八位单片机,性价比高,但由于无硬件乘法器,运算速度较慢,很难满足该系统高性能的数字控制要求。

方案二:采用 dsPIC30F2010,该单片机嵌入 DSP 引擎,具有一个高速的硬件乘法器,拥有数字信号处理器的计算能力和数据吞吐能力,指令执行速度可达30MIPS,且性价比高,适合作为该系统的核心控制器件。

鉴于上述分析,选用方案二。

根据论证的方案,设计的光伏发电模拟装置系统框图如图6-22所示。系统各模块分析设计和实现如第二部分。

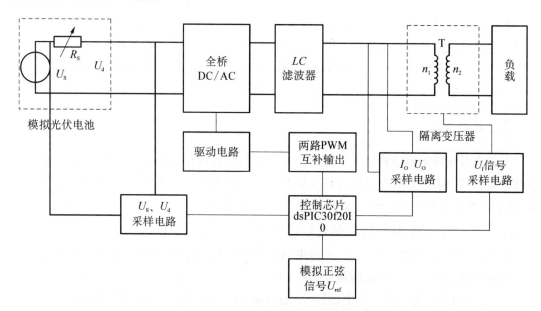

图6-22 光伏发电模拟装置系统框图

五、理论分析与计算

1. MPPT 控制策略及实现

在本题条件下对光伏电池进行模拟,要使得 DC/AC 逆变器具有最大功率点跟踪(MPPT)功能,就是要使得 $U_d = U_S/2$;利用两个电压采样电路对直流稳压电源 U_S 和输入电压值 U_d 同时进行采样,计算采样值 AD_averag0(输入电压值 U_d 对应的采样值)与电压计算值 AD_PI_OUT_REF(根据直流稳压电源 U_S 对应采样值 AD_averag2 计算得到的基准值)的误差;将其误差转化为调制载波比的误差,对调制载波比采用增量式 PI 算法 $\Delta u(k) = u(k) - u(k-1) = K_P \times [e(k) - e(k-1)] + K_I \times e(k)$ 进行调节,目的即是使得 $U_d = U_S/2$。通过调节调制载波比来调节功率输出的大小,实现:当输出电压 $U_d > U_S/2$ 时,增大调制载波比,使输出电流增大,从而使 $U_d(U_S - I_d \times R_S)$ 下降;当输出电压 $U_d < U_S/2$ 时,减小调制载波比,使输出电流减小,从而使 $U_d(U_S - I_d \times R_S)$ 上升。最终使得输出电压 U_d 趋于稳定,以此方法实现了模拟 MPPT 的功能。

本设计采用试凑法得到 PI 调节的参数:比例系数 K_P、积分系数 K_I。经过不断地调整,得到了较为满意的控制效果。

(1)确定比例系数 K_P:去掉 PI 的积分项,可以令 $K_I = 0$,使之为纯比例调节。比例系数 K_P 由 0 开始逐渐增大,直至 U_d 出现振荡;再反过来,从此时的比例系数 K_P 逐渐减小,直至

U_d振荡消失。记录此时的比例系数 K_P，设定 PI 比例系数 K_P 为当前值的 $60\%\sim70\%$。

（2）确定积分系数 K_I：比例系数 K_P 确定之后，设定一个较大的积分系数 K_I，然后逐渐减小 K_I，直至 U_d 出现振荡，然后再反过来，逐渐增大 K_I，直至 U_d 振荡消失。记录此时的 K_I，设定 PI 的积分系数 K_I 为当前值的 $150\%\sim180\%$。

（3）对 PI 参数进行微调，直到满足性能要求。

2. 数字锁相(同频、同相)控制策略及实现

并网部分要求工作时的负载电流必须与电网电压信号严格的同频同相，才能保证整个系统的安全运转，为了实现这个目标，通常使用锁相环来实现，本次设计用软件方式实现锁相，具体实现方法为：

利用两个正弦电压过零检测电路将模拟电网电压的正弦参考基准信号和电流反馈 u_f 正弦信号分别转换为与其同频同相的方波信号，再利用 dsPIC30F2010 单片机的输入捕捉功能（引脚 IC_2/IC_1）分别对两个方波信号的下降沿双次捕捉后进行中断处理。

锁频的实现：利用 dsPIC30F2010 单片机的 IC_2 口对模拟电网电压对应的方波信号的两次下降沿进行捕获（其以 dsPIC30F2010 内部的 TIMER2 为时基），在中断子程序中读取捕捉缓冲器中 IC_2BUF 的值两次，并保存在 $IC_2BUF\_reslut1$、$IC_2BUF\_result2$ 中，计算此时的模拟电压正弦信号的周期（$IC_2BUF\_result2 - IC_2BUF\_result1$），得到每个 PWM 波的周期值 PTPER，产生新的正弦输出周期，实现同频。

锁相的实现：在程序里面有个作为逆变器正弦波输出计数点的指针 sin_v_n，为了防止波形的畸变，可以在一定范围内通过连续改变 sin_v_n 的值来实现相位的调整。利用 dsPIC 30F2010 单片机的 IC_1 口对电流反馈 u_f 正弦信号对应的方波信号的两次下降沿进行捕获（其也以 dsPIC30F2010 内部的 TIMER2 为时基），在中断子程序中读取捕捉缓冲器中 IC_1BUF 的值两次，并保存在 $IC1BUF\_reslut1$、$IC1BUF\_result2$ 中，计算此时的相位偏移（IC_1 $BUF\_result2 - IC_2BUF\_result1$），将其转化为指针 sin_v_n 同量级的误差，在以后的数个正弦周期里对指针 sin_v_n 进行微调整，直到消除相位偏移为止，从而实现输出正弦电压信号与模拟电网电压正弦信号的同相。

其中硬件方面主要在于实现电网过零点检测电路的稳定性，本检测电路为消除毛刺，使用的是 RC 滤波；软件方面需要保证两次输入捕捉数据同步，通过设置一个标志寄存器 IC_flag：当 IC_flag＝1 时，两路捕捉保存数据；当 IC_flag＝0 时，两路捕捉不保存数据并对上一次数据进行处理。

3. 提高系统效率方法

光伏发电装置的主要损耗有功率开关器件、滤波电感以及控制电路功耗。为提高系统效率，可选择合适的开关频率、性能优越的开关器件（通态电阻小、开关时间短），增大滤波电感以减小电流纹波以及开关器件吸收电路。提高 MPPT 精度可以提高光伏电池利用率，即提高效率。

4. 滤波参数的计算

逆变器交流输出电压频率 $f_0＝45\sim55\ Hz$，逆变器开关频率设为 20 kHz，滤波器的转折频率一般为 $(5\sim10)f_0$。为减少输出功率的无功分量，滤波电容的电流不大于额定输出电流

的 $1/5$。满载时输出电流 $I_O=0.5$ A,即 $I_{O1}=1$ A(此时 $U_{O1}=14$ V),则电容电流不能大于 0.2 A,滤波电容 C_3 取 4 μF/250 V 的 C_{BB} 电容。

在滤波电容 C_3 设计基础上,根据滤波器截止频率以及电感电流纹波要求,设计输出滤波电感 $L_1=3$ mH。滤波电感设计结果——磁芯:High Flux 的 CH467060;匝数:191 匝;线圈:1 mm 漆包线;线圈损耗:1.75 W;因电感的高频交流励磁小,磁芯损耗可忽略不计;磁芯最大工作磁密:0.27 T,交流磁密:0.09 T。

六、电路与程序设计

1. DC/AC 主电路与器件设计

主电路原理图如图 6-28(a)所示。主回路拓扑选择全桥逆变电路,上桥壁两个管子的漏极端需要一个浮点电压,因此,选择 IR2110 实现高端驱动。

由于输入 U_s 为 60 V,为保证开关管不被击穿并留有一定裕量,设计时选择 IRF540(耐压 100 V、额定电流 27 A、通态电阻 70 mΩ)。

由于有无功功率回馈到输入侧,且功率场效应管体二极管性能差,全桥逆变电路的功率场效应管反并肖特基二极管为 STPS8H100D(耐压 100 V、压降 0.58 V、额定电流 8 A)。

为减小输入端电压纹波,无功功率不回流到光伏电池,U_d 端并电解电容 1 440 μF/100 V。

2. 程序设计

主程序流程图如图 6-23 所示。程序设计思想:为节约 dsPIC30F2010 的 CPU 资源,将显示部分功能放在主程序中,而将 PWM 输出改变程序、采样程序和输入捕捉功能设置中断,在相应中断子程序中进行相应的处理。其 dsPIC30F2010 对中断的优先级也可以设置,因为 PWM 输出改变脉宽的实时性要求最高,所以其中断优先级也最高,其次分别为输入捕捉、采样程序。

3. 控制电路

单片机控制电路原理图如图 6-28(b)所示。用于锁相信号转换的正弦波过零点检测电路如图 6-24 所示,用于 MPPT 的输入电压采样电路如图 6-25 所示,输出电流采样电路如图 6-26 所示。

图 6-24 的 u_{REF} 输入的基准正弦波通过过零检测电路转化为方波输入到单片机捕捉引脚,并与采样的输出正弦波对比,通过程序控制实现同频同相。

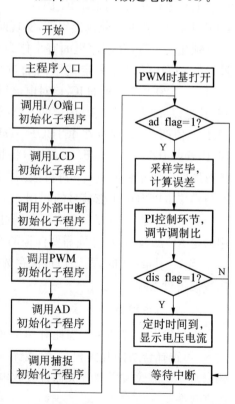

图 6-23   主程序流程图

图 6-26 的输出电流采样的值经过差分放大,经过绝对值电路整形,再经过 RC 滤波送到单片机 A/D 端口,实现过流保护和显示,以及 SPWM 的电流环控制。

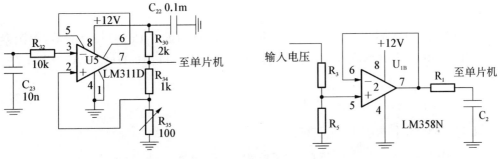

图 6-24　过零检测电路　　　　图 6-25　输入电压检测电路

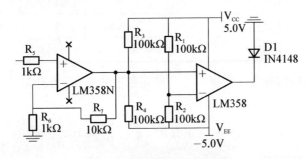

图 6-26　输出电流采样电路

4.保护电路

欠压保护:U_d端用两个电阻R_7和R_{10}的分压,经单片机 A/D 采样与设定的保护阈值比较,如果超过阈值,单片机停止输出 SPWM,实现欠压保护。当欠压保护后,单片机将间隔5秒不断采样;如果欠压故障排除,则恢复工作,即采用打嗝方式保护。

七、测试方案与测试结果

1.测试方案

系统测试方案框图如图 6-27 所示。在U_d端并万用表测U_d值,在输入输出端各串一个电流表测I_d、I_O,在逆变器输出端连接一电能质量分析仪,测逆变器的输出频率(锁频指标)、THD、输出功率、电压;u_{REF}由函数信号发生器提供。

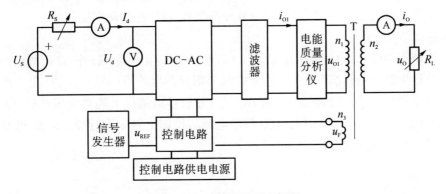

图 6-27　系统测试原理框图

2. 测试仪器

信号发生器:台湾固纬 SFG-1003;电量测量仪:杭州远方 PF9811;示波器:美国泰克 TDS2012B;万用表:FLUKE 87Ⅲ;滑动变阻器:BX-7-11(10 Ω/4.5 A),BX-7-14 (100 Ω/2 A)。

3. 测试结果(测试时 R_S、R_L 用滑动变阻器)

(1)锁频测试指标见表 6-2 所示。

表 6-2 系统锁频的测试指标

f_{REF}(Hz)	45	47	49	50	51	53	55
f_F(Hz)	44.99	46.96	48.95	49.93	50.95	52.92	54.96
误差	0.02%	0.09%	0.10%	0.14%	0.10%	0.10%	0.07%

表中的 f_{REF} 为函数信号发生器提供的基准正弦波频率;f_F 为逆变器输出的正弦波频率。

(2)效率 η。

当 $U_S=60$ V,$U_d=30$ V,$R_S=R_L=30\Omega$ 时,$\eta=\dfrac{P_O}{P_d}\times100\%=\dfrac{26.9}{30.0}\times100\%=89.7\%$

(3)总谐波畸变率 THD。

$R_S=R_L=30$ Ω,$U_S=60$ V,$U_d=30$ V 时,THD=3.5%。

由于定制的隔离升压变压器质量差,磁芯饱和较严重,接隔离变压器时,输出电压畸变严重。如果用自耦调压器代替变压器(此时,自耦调压器的输出端接到逆变器的输出侧,调整匝比等于 1:2),THD=1.2~2.0%,即 THD 在 1.2~2.0 变化。

(4)相位跟踪测试

相位差指信号发生器的基准正弦波与逆变器输出波形的角度差;负载功率因数 PF=0.99 时,表示负载 PF 为纯阻性负载,其余为阻感负载,如 PF=0.7 时,测试阻抗角满足要求。

(5)保护测试

① 输入欠压保护

保护动作的电压值 $U_{dth}=25.2$ V。当故障排除后,系统能自动恢复。

② 输出过流保护

保护动作的电流值 $I_{Oth}=1.44$ A。当故障排除后,系统能自动恢复。

(6)测试结果分析

根据测试实验结果,除相位跟踪和 THD 的部分指标(阻感负载)外,设计调试的光伏发电模拟系统绝大部分指标都符合设计要求。部分指标产生差值的原因有:① 由于所购买的隔离变压器质量(磁心饱和和漏感大)存在问题,导致输出端接上隔离变压器后 THD 会变大很多,此外也将影响相位跟踪性能;② 驱动电路与反馈电路未进行隔离以及 PCB 布板不很合理,控制电路可能会受到干扰。

4. 附图

（1）光伏模拟发电装置电路原理图。

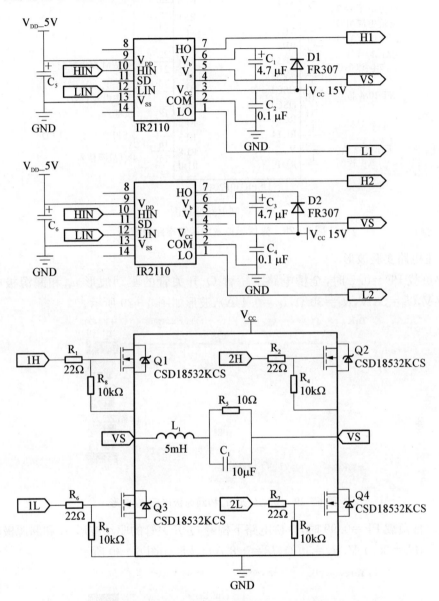

（a）逆变器主电路及供电电源电路原理图

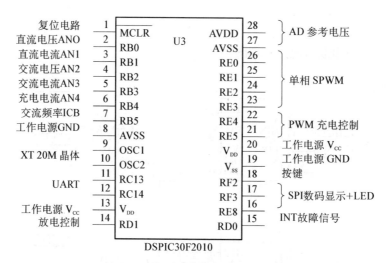

（b）控制电路原理图

图 6‑28　光伏模拟发电装置电路原理图

（2）主电路实验波形

阻感负载 PF＝0.7 时，全桥电路下桥臂 Q_3 开关管的驱动波形 u_{gs} 和漏源极电压 u_{ds}（U_s＝60 V，U_d＝38 V，R_s＝30 Ω，I_O＝0.4 A），波形如图 6‑29 所示。

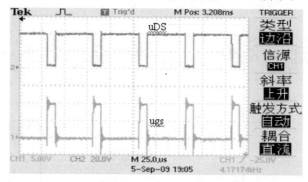

图 6‑29　驱动波形 u_{gs} 和漏源极电压 u_{ds} 波形

（3）阻性负载 PF＝0.99 时，全桥电路下桥臂 Q_3 开关管的驱动波形 u_{gs} 和漏源极电压 u_{ds}（U_s＝60 V，U_d＝30.1 V，R_s＝30 Ω，I_O＝0.8 A），波形如图 6‑30 所示。

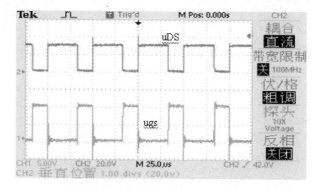

图 6‑30　PF＝0.99 时 u_{gs}、u_{ds} 波形

　　(4) 阻感负载 PF＝0.7 时，基准正弦波和逆变器输出波形如图 6‐31 所示。(U_S＝60 V，U_d＝37.5 V，R_S＝30 Ω，I_O＝0.43 A)

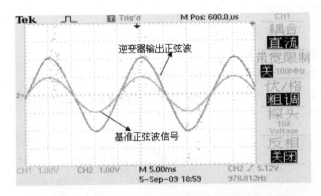

图 6‐31　PF＝0.7 时基准正弦波和逆变器输出波形

　　(5) 阻性负载 PF＝0.99 时，基准正弦波和逆变器输出波形如图 6‐32 所示。(U_S＝60 V，U_d＝30.1 V，R_S＝30 Ω，I_O＝0.82 A)

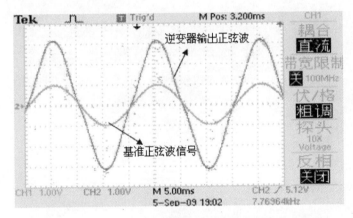

图 6‐32　PF＝0.99 时基准正弦波和逆变器输出波形

 习题与思考六

6.1　请查资料，列举 5 种不同厂家的变频器。

6.2　观察日常生活中使用变频器的场合，列举一个例子，简述其原理。

6.3　变频调速在电动机运行方面的优势主要体现在哪些方面？

6.4　变频器有哪些种类？其中电压型变频器和电流型变频器的主要区别在哪里？

6.5　交—直—交变频器主要由哪几部分组成，试简述各部分的作用。

6.6　简述绝缘门极晶体管 IGBT 结构及工作原理。

6.7　对 IGBT 的栅极驱动电路有哪些要求？IGBT 的专用驱动电路有哪些？试列举 3 种。

6.8　IGBT 的缓冲电路有哪些,试详细分析某一种电路的工作原理。

6.9　IGBT 管与 GTR 管相比,主要有哪些优缺点?

6.10　IGBT 管的主要参数有哪些?

6.11　试说明 PWM 控制的基本原理。

6.12　PWM 逆变电路有何优点?

6.13　单极性和双极性 PWM 有什么区别?

6.14　什么叫异步调制?什么叫同步调制?两者各有什么特点?

参考文献

[1] 徐立娟.电力电子技术[M].北京:人民邮电出版社,2014.

[2] 王兆安,黄俊.电力电子技术[M].北京:机械工业出版社,2000.

[3] 郭天祥.51单片机C语言教程[M].北京:电子工程出版社,2009.

[4] 黄智伟,王明华.全国大学生电子设计竞赛常用电路模块制作[M].第2版.北京:北京航空航天大学出版社,2016.

[5] 黄根春.全国大学生电子设计竞赛教程——基于TI器件设计方法[M].北京:电子工业出版社,2011.

[6] 何礼高.dsPIC30F电机与电源系列数字信号控制器原理与应用[M].北京:北京航空航天大学出版社,2007.

[7] 康华光.电子技术基础模拟部分[M].北京:高等教育出版社,2005.

[8] 康华光.电子技术基础数字部分[M].北京:高等教育出版社,2005.

[9] IC资料网:http://www.icpdf.com/

[10] 电子发烧友:http://www.elecfans.com/

[11] 天祥电子网站:http://www.txmcu.com/